U0889419

有时候，书只不过被当作催眠的利器，

然而，一本书能让失眠的人睡去，也能让沉睡的人醒来。

有多少书，能让我们看清这个世界，成为我们看不见的竞争力；

又有多少书，能让我们在看清这个世界的同时，仍旧热爱这个世界。

阅读增添感性，也是一种新的性感。

你所读过的任何书，都会进入你的心灵和血肉，并最终构成你最甜美的部分。

关于人生大问题的答案，要你自己去慢慢拼凑；

但一本本的书给出的小小回答，却可以帮你抵抗终极的恐惧。

我们的一生有限，你想去的地方，你要做的事情，也许总不能完全实现。

唯有读书的时候，你可以在灵魂中撒点儿野。

要知道，人生终须一次妄想，带领我们抵达未知的生命。

你的时间那么贵，要留给懂你的人。

我们想让你在爱的路上想爱就爱，在成长的路上一直成长。

我们，也想要成为你精彩人生中不可或缺的一部分。

我们秉承“爱与阅读不可辜负”，个人发展学会坚持“陪你成长，持续精进”。

让迷茫的人不迷茫，让优秀的人更优秀。

扫码有惊喜

THE THEORY OF

SO DELICIOUS

真香定律

书鱼／著

北方文艺出版社

图书在版编目（CIP）数据

真香定律 / 书鱼著 .-- 哈尔滨：北方文艺出版社，2020.4

ISBN 978-7-5317-4787-1

Ⅰ．①真… Ⅱ．①书… Ⅲ．①心理学－通俗读物 Ⅳ．①B84-49

中国版本图书馆 CIP 数据核字（2020）第 035727 号

真香定律

Zhenxiang Dinglü

作　者 / 书　鱼

责任编辑 / 富翔强

装帧设计 / 平平

出版发行 / 北方文艺出版社

邮　编 / 150080

发行电话 /（0451）85951921　85951915

经　销 / 新华书店

地　址 / 哈尔滨市南岗区宣庆小区 1 号楼

网　址 / www.bfwy.com

印　刷 / 朗翔印刷（天津）有限公司

开　本 / 880×1230　1/32

字　数 / 160 千

印　张 / 7

版　次 / 2020 年 4 月第 1 版

印　次 / 2020 年 4 月第 1 次印刷

书　号 / ISBN 978-7-5317-4787-1

定　价 / 42.80 元

目录
contents

第一章　真香定律：打死也不吃的饭，为什么那么香？

第二章　时间压缩效应：回来的路总比去的路更短

第三章　詹森效应：越是渴望拥抱，越伸不出手

第四章　禀赋效应：到手的，才是最好的

第五章　空白效应：凡事留一线，日后好相见

第六章　贝勃定律：做 99 次好人，还不如只做一次？

第七章　投射效应：跳出预设，才能更好地了解别人和自己

第八章　互惠关系定律：别人怎么对你，都是你教的

第九章　自己人效应：为什么是自己人，规矩就不重要

第一章

真香定律：

打死也不吃的饭，

为什么那么香？

真香定律：
打死也不吃的饭，为什么那么香？

2014年，一位名叫王境泽的城市少年在参加湖南卫视的《变形计》节目时，对农村家庭里的饭菜百般挑剔，并且赌咒发誓声称：“我王境泽就是饿死，死外边，从这里跳下去，也不会吃你们一点儿东西！”然而，他放完狠话没多久，就端起农家的大碗，一边吃一边赞不绝口地说：“真香！”

由于王境泽的前后转变充满了滑稽的戏剧效果，所以网友就把他的表现做成了表情包，用来嘲笑那些喊完抵制口号之后，又自己反悔，自打自脸的行为。随着这套表情包的广为传播，慢慢形成了全网人人皆知的“真香定律”——当一个人下定决心不做某件事，后来却又不得不因为某些原因去做了，而且还做得开心又兴奋，人们便会嘲讽他——“像王境泽一样，真香！”

“真香”表情包流行开来以后，我们才蓦然发觉，其实，看似“魔性”又搞笑的真香定律居然是人类的本质现象之一！不管你是谁，也不管你之前下的决心有多大，到了最后，往往还是会被真香定律征服，即使是历史上著名的大文豪也不例外。

1889年，为了纪念法国大革命胜利100周年以及即将召开的世界博览会，法国政府决定在巴黎建造一座高塔，并把它当成巴黎市乃至整个法国的象征。经过世界范围内的招标，评委们注意到一位名叫古斯塔夫·埃菲尔的建筑设计师所设计的一座钢铁结构的拱门高塔。结果，这个极具现代风格的方案最终胜出。

这一方案被报纸公布之后，立刻招来了一大批作家、艺术家和建筑师的强烈批评，他们甚至联名在巴黎《时代报》上刊登了一份抗议书。其中，号称“短篇小说之王”的文学巨匠莫泊桑更是扬言：“巴黎如果建造出这样一座怪模怪样的铁塔，我就要永远地离开这个城市。”

然而，随着当届世界博览会的顺利召开，埃菲尔铁塔获得了全世界的一致称赞。这个时候，莫泊桑一定会感到下不来台吧？可是，万万没想到，每天到铁塔下来休息、喝下午茶最多的，正是莫泊桑本人。

不过，当记者采访他，问他是不是忘记了当年的誓言时，内心早已经被埃菲尔铁塔所征服的莫泊桑只好强词夺理地说：“我之所以来铁塔底下喝咖啡，完全是因为这里是唯一看不到那座破塔的地方！”

纽约大学的心理学家皮特·高尔威泽（Peter Gollwitzer）发现，人们的目标意图与实施意图的行动控制之间总是存在一些差异。当人们向其他人宣布自己的态度、计划或者诺言的时候，已经在自己的内心把这种想法变成了现实，所以在此后的执行中，就会悄悄懈怠下来。当初信誓旦旦的承诺，往往就化作泡影。

就拿上文中的莫泊桑来说，他嘴上宣扬着自己要在埃菲尔铁塔建成之后离开巴黎时，其实就已经发泄掉了对这一决策的不满情绪；等到埃菲尔铁塔建成的时候，他对自己当初的决定就没那么坚持了。

我们每个人的想法都不是一成不变的，总会随着时间的推移或者环境的改变而不断改变。原本不爱听的音乐，习惯以后可能就会觉得悦耳动听；原本觉得难看的风景，或许换个角度就会变得优美秀丽；原本自己厌恶的工作或者课程，可能过上几年就会驾轻就熟，甚至彻底爱上了它。

我上大学之前对心理学可谓是一无所知，甚至还因为电视剧里那些明显不靠谱的“心理师”而对其心存轻视，高考结束之后报考的第一志愿也是法律专业，但因为分数不够才被调剂到了心理学专业。刚开学的时候，我一直怨气重重，觉得心理学没什么意义，并且扬言“我将来一定不做心理咨询师”。

经过前两个月的学习，我才发现，心理学是门既神秘又有趣的学科，而且学好了它还可以帮助无数的人，于是我才把心理学当成了人生中照耀前路的“璀璨阳光”，并且在积极研习心理学之后，真的成了一位心理咨询师。

我就像王境泽那样，情不自禁地喊出了——“真香！”

我们讨厌一种事物，有时候是因为只看表面，了解不够；有时候是因为道听途说留下了不好的刻板印象。但是世界上永远不会变化的，就是“变化”本身。所以，我们应该随着世界的变化而改变自己。而当你真正去了解、去倾听、去认识那些自己不喜欢的东西时，或许就能够发现全新的一片天地。

稀缺心态：
越缺少什么，就越在意什么

我的一个高中同学成绩优秀，相貌帅气，常常说要干一番事业。后来，他果然考上了国内一流名校，刚毕业就找到了一家位于二环内的名企，工作两年后就买了一套房，很快成了家。

当时，很多同学都羡慕他，觉得他年少得意，一定还会有一番更大的作为。不过，毕业七八年之后，大家再聚会的时候，发现很多人都升职加薪了，唯有他还在原本的岗位上。有些原先条件不如他的同学，却凭借着几次成功的跳槽取得了很高的地位，甚至实现了财务自由。

我们几个比较要好的同学私下里问过他这件事：你的教育背景那么好，为什么不想着找点更好的机会呢？

他苦笑了一下说："身上背着房贷，膝下养着孩子，这时候你才会知道什么远大理想都是空中楼阁。"

我们连忙笑着说："是啊是啊，吃饱饭才是最重要的，落进口袋里的钱才最踏实。"

一笑之余，却使人不由得深思。为什么一个曾经意气风发、充满雄心壮志的青年，如今会变成一个做事束手束脚的人呢？

其实，这里涉及一个心理学效应：稀缺心态。

稀缺心态是指人们在缺乏某种事物时，一心解决这种稀缺，导致了两种现象，一是注意力被稀缺吸引，忽视其他事物；二是认知能力和执行控制力伴随着稀缺状况而下降。形象一点儿说，就是越缺少什么，就越在意什么，注意力的焦点被我们缺少的事物所占据。

就如上面的例子一样，我同学的人生关注点已经被钱财占据了，所以产生了不敢跳槽、不能冒风险的执念。可是，反而由于过于看重稳定的工资收入，他就忽视了时间的价值，以及个人提升的潜在价值，最后发展得反而不如其他同学。

类似的行为，在我们的生活中其实不少。比如，很多收入较低的人、从事高危职业的人反而更不在意自己的健康；很多忙得一塌糊涂的人不愿抽出一点儿时间来做时间规划……

我对此也有深刻感悟：我上大学时并不阔绰，每月的生活费都是刚好够花，偶尔遇到大的开销还得向家里报备申请。因此，在上大学时，我参与了一些兼职工作，还跑去昆山的工厂里做了短暂的暑期工。

有很多大学生都有类似的经历。其实，回过头再看，我觉得自己就是被稀缺心态影响了——因为金钱上的不宽裕，而过分关注钱，实际上没能仔细衡量时间的价值，没有发现更有价值的事情，导致自己在学业上并未得到进一步的提升。

假如我有重新选择的机会的话，我一定会选择广泛学习更专业的知识，利用最宝贵的青春时光让自己变得更充实、更有价值。

上述是稀缺心态对我们的最重要影响，注意力被稀缺所吸引。

稀缺会导致的另一个结果就是认知能力和执行控制力下降。这一点其实可以说是前者的副作用——当你越缺少什么时，你越难以理性地处理这种匮乏所带来的影响。

普通人很难视钱财为身外之物，也很难做出大胆的投资；忙碌的人很难摆脱繁忙，抽出时间让自己关注目标之外的事情；孤独的人很难在独处时转而投入学习……因为这往往是和人的本性相违背的。

但是，别忘了，我们常常需要改变自己和现状，才能获得成功。

人生的真谛之一，就在于利用自己的认知和意志摆脱稀缺心态的影响，使自己仿佛不缺乏任何东西一样去生活。

生命中总会有残缺和瑕疵，目光放远，而不是总盯着匮乏的东西，才能有更好的生活。

聚光灯效应：
你看到的，只不过是自己心灵的倒影

最近网上在热议网络安全问题，“飞天遁地、无所不能”的黑客们一时之间令许多人感到恐慌。

我的一位朋友在看了一些新闻后，惶惶不可终日，问大家会不会有黑客专门把他已经删掉的青春期博客挖掘出来——那里面记载了他幼稚、矫情、做作的少年情怀，要是真的被翻出来，实在是太羞耻了。

几位朋友对他好一顿嘲笑：“你以为自己是被时刻关注的名人，还是觉得黑客闲到不行，什么事儿都做？”我这朋友缓了好几天，才接受了“没必要担心这种事情”的说法。

我们总会有一种错觉，以为自己时刻被人关注，总高估他人在意我们的程度，尤其是处于尴尬、被责备、失误等负面情景中时，这种感觉会格外强烈——这就是聚光灯效应在作祟。

在内心度量他人对我们行为的评价，有助于我们在团体里的相处。但是，依赖自我感觉的度量总是有偏差的，如果过于迟钝，就会显得麻木不仁，很难接收到他人传递的信息；而过于敏锐，就导致了聚光灯效应，有可能显得过于敏感。

另一方面，我们总以为，自己的表现、反应、情绪会巨细无遗地暴露在他人面前，因此加剧了情绪的紧张。而实际上，他人的洞察力和洞察意愿都没有那么强，他们可能并不在意我们偶尔的欠佳表现。

在成年后的人看来，自己写于青春期的博客使人尴尬，于是很多人都选择删除或隐藏了。其实，完全没必要为此而惴惴不安——没有人时时刻刻紧盯着我们的一举一动。即便真的暴露在他人面前，也很可能换来他人的理解——谁又没年轻过呢？谁又没有经历过热血而天真的年龄呢？

聚光灯效应在生活中的体现有很多。例如，当你出糗时，会觉得所有眼睛都在注视着自己；老师批评你时，似乎全班同学都在看热闹；舞台上表演失败时，哪怕观众都报以鼓励的掌声，你也仍然会产生幻听中的嘘声……甚至每每想到这些情形，都觉得耳根发热，觉得自己最糟糕的一面暴露在了世人面前，为此而懊恼不已。

甚至，在做事情之前，即便仅仅是不好的预想，也会令人产生聚光灯效应。比如，在重大演讲比赛前，很多人往往上台前就手心流汗，觉得台下的数百观众都会挑刺或找碴；在参加宴会前，会怀疑自己的着装是不是过于浮夸，过于吸引眼球……这种心理压力将导致我们畏首畏尾，难以展现真正的风采。

因此，我们应当合理调整心态，避免聚光灯效应的负面影响。首先，在心理上不要把自己想得太过重要，不要认为别人在总盯着我们看。即便我们表现得不好，也很可能没人察觉呢！

其次，我们要客观衡量自己的表现，而不是靠他人的看法来评定。如果我们做得没错，就算被人嘲笑又有什么呢？当心中有了定力，心态就会平稳得多。

最后，不要太介意被人嘲笑。聚光灯效应经常会让我们产生杯弓蛇影式的自惭自怨的心理，这其实很不可取。很多时候，它带给我们的负面影响是毫不必要的，我们应当善于梳理自己的心态，进行适当的疏导或规避。

冒名顶替综合征：
为什么才华横溢也会不自信？

很多人认为，当下发展前景最好的行业无疑是互联网行业。

确实，跟传统行业相比，互联网公司的员工往往平均年龄更小，工作经验更少，更自由活跃，而待遇更加丰厚。有些已经入职的员工甚至会有一种奇怪的心理，自己所会的技能并不多，表现也不突出，甚至没察觉到自己比其他同龄甚至前辈优秀在哪里，为什么却能够拿高薪呢？

而且，还有人怀疑自己“德不配位”，为此而惴惴不安。当然，没有人会仇视高薪，只是有些人会权衡自己的付出与所得。

这种心理，其实非常典型，在心理学上被称为冒名顶替综合征。具体是指人们怀疑自己取得的成就，将取得成就的原因归结为运气、关系、大环境等外部因素，而非自我拼搏、能力、性格、人品等内在因素，怀疑自己是冒名顶替的骗子；尤其是在与他人一同工作时，会更加质疑自己是否具有和他人齐等的能力。

如果以传统行业、传统劳动力的标准看，互联网行业的许多人可能的确不该拿到高薪；但是，这些年轻化的员工，本身也有许多传统员工所不具备的优点。比如，他们的受教育水平较高，接触事物较广，因为刚毕业，所以学习能力强，能够很好地顺应变化莫测的新行业，思维活跃局限较少等——这些优点能够解释他们为什么拿高薪。

在实际工作中，一个老员工要想学会使用一个新开发的软件或网站系统，他所付出的时间成本可能很高，而一个年轻的优秀毕业生也许花不了几天就懂了。

有冒名顶替综合征的人往往有三种认识误区：

一、没有认识到自己的优势或比较优势，有时候人未必需要在所有领域都出类拔萃，只需要在合适的领域胜过其他竞争者即可。比如，迈克尔・乔丹在棒球领域表现糟糕，但是却不影响他成为篮球界的飞人。

二、没有认识到自己能够升任到目前位置的原因。

三、过分高估他人的当前表现，过分低估自己的当前表现，在企业中，哪怕是机缘巧合升职，也不算显著的污点，重要的是当前的表现是否足够优秀。

人在成长过程中，难免遇到其他更优秀的人，在某些领域被对方“秒杀”也是常见的情形。应当及时调整心态，正确归因。切不可一比之下，相形见绌，一蹶不振。积极学习他人的长处，发挥自身优势，错峰前进，才能共同进步。

也要认识到自己的竞争优势，从来没有哪一种能力，是能够绝对碾压他人的。老话讲，勤能补拙，很多人误以为在竞争中巧和拙是关键因素，聪明人就应当通吃，完全不是这样的，能够勤、能够持之以恒地勤，本身就是一种非常了不起的、不亚于聪明的能力。

退一步讲，在实际生活中，能力的评定和职位的升迁也并不是完全严丝合缝地吻合。最好的人才竞争体系也只能保证“大差不差”，高考时表现不好进入普通院校的学生里也一样产生了许多优秀的人。

所以，在许多时候，完全不需要过于焦虑。正确归因，正确认识自身能力所在，正确认识岗位需求，促使二者融洽结合，在工作岗位上展示自身风采，这才是正确的态度。

尤其是女性，更容易受冒名顶替综合征的困扰，也许，是时候正视女性在工作上的真正能力了。

罗密欧与朱丽叶效应：
越是得不到的，越让人前赴后继

莎士比亚名剧《罗密欧与朱丽叶》是一个震撼人心的故事：罗密欧与朱丽叶是一对自由恋爱的青年男女，但后来他们得知，双方的家族是彼此的世仇，两人不被允许在一起。然而，受到重重阻拦的两个人非但没有放弃，在一起的意愿反而更加强烈。直到最后，因为两人的爱情始终得不到双方家长的首肯，在可悲的阴差阳错中，两人先后殉情而死。

类似这样的爱情故事古今中外都有许多。很多人无奈地发现，父母亲族越是施压，情侣们越是情比金坚。

这种看似反常的现象被称为罗密欧与朱丽叶效应。它不仅指男女感情，也通常指越难获得的事物在人们心目中的地位就越重要，价值也会越高。

也许爱情是盲目的，但是，他人的阻拦会使当事人自觉地升华爱情的意义和价值。在更多情况下，罗密欧与朱丽叶效应发生的根源恰恰在于阻碍带给了人们被限制的感觉，当不能自由行事时，就会心生不悦，于是我们会努力抗拒，迎难而上，并反其道而行之。

生活中，你可以观察到，有时候，对于我们给孩子（或其他成人）设立的禁忌，他们会刻意地打破，比如禁止吸烟、禁止喝酒、禁止说脏话等。即使他们甚至感受不到烟酒带来的畅快感，即使吸烟喝酒会带来剧烈的不适感，他们也会无所畏惧地去尝试。

这些孩子的行为就符合罗密欧与朱丽叶效应。父母、老师的禁止使他们觉得自己是需要被时刻关注的、是不能像成年人一样行事的、是不自由的……这样的感受使他们不舒服，自以为被小瞧了，就千方百计想要去尝试。

于是，吸烟、喝酒、说脏话成了他们眼里“很酷”“很男子汉风范”的行为，于是一个个争先恐后地去尝试。

这种行为不仅家长不愿意看到，对孩子的健康成长也极为不利。该怎么处理这种事情呢？根据我们对罗密欧与朱丽叶效应的分析，首先，应消除人们心中“被限制”的感觉。然后，让人们尽可能地接受和认可这种限制。

还是以孩子吸烟喝酒为例子，家长应当向孩子“说透”为什么他们不应当吸烟喝酒，要引导其在内心深处接受规则，而不是强硬地二话不说发号施令。当孩子能够在内心认可家长制定的规则时，他们就更不可能去逾越。

其次，使人们加强心中自由选择的愉悦感，能够自由地接受与放弃。在抽烟喝酒等事情上，绝不能为未成年人开破例之门，但是可以引导他们在其他方面体验自由的感觉。比如，同父母一道参与娱乐冒险项目等，这样，他们心中对自由畅快的感觉有了实际的体验，就不会再抱有执念。

罗密欧与朱丽叶效应就是我们生活中有时气得人牙痒痒的“给他指东他非往西”，人类先天对突破禁忌、约束有强烈的欲望。若是善于引导，就可以成为增强我们勇气的良好武器。

首因效应：
第一印象靠谱吗？

2008年旧金山Macworld（苹果新品发布）大会上，乔布斯在舞台上说，苹果旗下的电脑产品线，将新增一个系列——MacBook Air（苹果笔记本型号）笔记本——这将是世界上最轻薄的便携式电脑。

说罢，乔布斯看似不经意地拿起一个信封，从中抽出了一台轻巧而光滑的MacBook Air笔记本。现场爆发出如雷的掌声。这一幕震撼了发布会现场的嘉宾们——MacBook Air笔记本居然能轻薄如斯，大大超出了人们的预料。

很多人也因此永远记住了这一幕——在他们脑海里，MacBook Air笔记本的形象永远和轻薄、时尚、酷炫联系在了一起。

这就是首因效应，指的是在社会认知中，最初的印象对人们的认知有极其深刻的影响。第一印象将大大决定我们对事物的观感。

首因现象出现的原因比较复杂，在最初的印象形成时，大脑中不存在相关的范式，这时产生的印象是基础性的，后续的认知都是在最初印象的基础上调整、扩增，因此，对于最初的印象，人们往往摆脱不了。

另一种解释是，最初印象形成时，因为我们的脑中没有相关的形象，大脑可以“心无旁骛”地接收信息，受到的干扰比较弱，因此最初印象要比后来的印象更深刻。

就像开头的例子，MacBook Air无疑具有多方面的特点，在后来，它也不再是最轻薄的笔记本，比它更轻薄的笔记本有许多。但是，MacBook Air还是和轻薄联系了起来，人们想到轻薄笔记本，还是会首先想到它。

首因现象尤其会发生在短期记忆中。由于时间较短，后续的认知不足以纠正牢固的第一印象，所以，一眼就决定对对方看法的情况在我们生活中屡屡发生，尤其是短暂的接触之后。比如，在面试现场，在你做自我介绍之前，当面试官第一眼看到你时，他的心里其实就已经有一个基础的评判了。这种评判未必公正，但是十分重要，你之后的表现往往是在这个基础上进行修正。

这也是为什么各种职场忠告都劝我们在面试时不要过于随意，穿着打扮要尽量郑重。这样才能给面试官高度重视、严肃专业的印象，对我们后续的表现也很有帮助。

为了能真正展示我们的风采，在生活中，我们应当善于利用首因效应。在和他人的短期接触中，我们应当尽力展现自己好的一面，切不可随随便便，以为以后机会有的是，不需要特意表现。

事实证明，这种看法往往会起到反效果——当一对情侣第一次见对方家长时，有的人吊儿郎当，以为“以后都是一家人在一起过日子，现在表现怎么样都差不多”，结果触怒了对方家人，最后两人一拍两散。

首因效应经常带来偏见，所以，有时我们也应当避免它的不当影响。就像面试，如果面试官凭借一己的爱憎、一时的好恶来选拔人才，往往会因此而产生误会，遗失优秀人才，这对公司的长远发展来说是不利的。

“试玉要烧三日满，辨才须待七年期”。调整心态，跳出一时的主观判断，在更长的时间尺度里观察他人，将会使我们更加清晰地认识他人。

首因现象是我们生活中经常出现的一种现象，诱导我们凭借一时的感受来评价人和事物，所以，我们应当善于从对我们有利的角度利用它。

近因效应：
最近发生的事情更容易记

刘翔曾经是中国最出色，也最为知名的运动员之一，他和姚明一度是中国体育界最有影响的人物。但是，现在如果去询问大家怎么看刘翔，很多人都会说，2012年，刘翔在伦敦奥运会上的退赛，几乎是自己最深刻的记忆。

尽管刘翔在其辉煌的运动生涯中曾多次打破世界纪录，攀登上了大多数运动员终生也难以逾越的高峰，但是，当人们提到他时，想到的却往往是他退役前最后几年的萎靡不振。

这种现象被称为近因效应——意即人们更倾向于依赖最近获得的信息来得出对事物的印象。

近因效应并不与首因效应矛盾。较短的时间尺度内，人们一般更依赖首因效应；较长的时间尺度下，人们往往更依赖近因效应。陌生的事物更容易产生首因效应，熟悉的事物更容易产生近因效应；连续出现的印象更容易生成首因效应，间断出现的事物更容易生成近因效应。

甚至，近因效应和首因效应也会同时产生——人们对事物的开始与结束都可能产生较深刻的印象。

与首因现象出现的原因不同，近因效应的产生，主要是由于人们记忆的淡漠与关注力的衰减。当我们对事物的印象主要是短时记忆时，就有很大概率忽略先前的情况，导致只记得最后的片段。

另一方面，如果没有持续地关注某事物，任由对其的印象磨灭，而后出现的印象相对离现时较近，不容易遗忘，也会导致我们的印象停留在最后一刻。

刘翔的案例就非常典型。作为运动员，他屡屡突破极限，且荣誉不断增多。但是，人们记忆最深刻的一幕，却是他无比痛苦地选择因伤退赛。

在评价历史人物时，类似情形总是反复出现，“将军百战身名裂”是十分常见的事情。一个骁勇善战、运筹帷幄的良将，他也许胜利了几十场，但往往最后的战斗结果会影响人们对他一生的评定。

近因效应和首因效应一样，都是我们日常认知“偏见”的一种。一味地放任它，将会使我们陷入认知误区。

那么，该如何利用近因效应呢？

首先，凡事应当善始善终，绝不可草草收尾。有些人因为要毕业了就大闹校园，因为要离职了就惫懒无礼，因为要离开某地就丧失了基本礼仪……这些都会留给人极为恶劣的最终印象，毫不可取。

其次，要审慎观察全局，不能完全依靠最后一面来生成印象。有的人毕业十几年了，对老师的印象还是毕业前的一次批评，对同事的印象还是最后闹得双方几十年不联络的小摩擦……这就是被近因效应所蒙蔽了。

近因效应和首因效应都是人类认识事物的捷径，我们可以适当地利用它，却不可任由它俘获我们的心智，甚至形成认知偏差。

消极性偏见：
遇事更容易往坏处想

微软创始人、著名企业家比尔·盖茨有一句非常出名的话，“微软离破产永远只有18个月”。这说明其时刻保持危机意识，关注企业长久运行所面对的巨大风险。很多企业家，在创业时期，往往高度紧张，行业内的一点儿风吹草动都足以使他们坐卧不宁。反而是许多利好消息，往往一眼看过就罢了，不会过分流连。

这不仅是企业家的特质，在一般人心中也经常出现类似情况，具体表现是：一、负面的、消极的事情对我们的影响更为持久；二、当消极信息传来时，我们受到的触动更明显；三、我们会优先关注消极信息。

这种现象，被称为消极性偏见。

消极性偏见源自人类的本能——茹毛饮血时期的人类，无比需要这种敏锐性。当原始人类能机敏地察觉身边的危险，他就很容易获得更多的生存机会，这种敏锐和迟钝的差异在当时带来的结果是生死存亡的天壤之别。而作为一种优秀特质，这种对消极事件的敏感就遗传了下来。

而在现代激烈的竞争中，消极性偏见是一种利器。正如我们所举的企业家的例子，能够在激烈的商业竞争中胜出的人都是时刻浸润在消极信息中的——不利的事件像海浪一样时刻拍打着心智的堤岸，最后成就了壁立丁仞之势。

消极性偏见可以促使人们更理智、更冷静地观察周遭。所以，我们需要时刻保持戒慎戒躁的心态，提前预想到可能遭遇的各种灾祸，这样才能免于灾殃。

但生活中，在很多相当常见的情形下，消极性偏见则干扰了我们的正常生活。例如，有些坏消息就像墨水一样，一旦沾染上，就怎么也不能摆脱；对坏消息的持续影响被过度放大，在其爆破前，人们始终惴惴不安；一个坏消息是否是一连串坏消息的前奏……

华盛顿大学的心理学家约翰·戈特曼在研究婚姻关系时发现，夫妻之间五次正面评价才能冲抵一次负面评价的影响。换句话说，假使生活是阴晴对半的，在我们的脑海中，影响更大的也是那些令我们消沉低落的场景。

实际上，消极性偏见对人们产生的更直接的影响，是如何面对机遇与风险。

在原始人生活的场景中，丧失一次机遇也许是饿肚子，而直面风险则可能丧命。因此消极性偏见有利于他们的生存，它所带来的退缩是适合原始人的生存策略。而在当代社会则不是，人们今天面临的风险已大大降低，而机遇则大大提升。所以，我们不能再任由消极性偏见主导我们的生活。

那么，该如何克服消极性偏见呢？

最有效的办法，就是“拆解”坏现象、坏消息的层层影响——就像卡瑞尔公式告诉我们的那样。

第二章

时间压缩效应：

回来的路总比去的路更短

时间压缩效应：
回来的路总比去的路更短

世界上最精确的钟表每过3亿年才会产生一秒钟的误差。但是，每一个人感知时间的流逝却不一样——大家都有着自己独有的尺度去衡量时间的快慢。

为什么大脑无法像时钟一样稳定计时呢？

换句话说，为什么开心的时光总是过得特别快，而无聊的时光又似乎漫长得没有尽头呢？

人类历史上最杰出的科学家爱因斯坦为了让普通人也能理解物理学的相对论，曾经举了一个著名的例子："假设一个男人与美女面对面坐上一个小时，会觉得似乎只过了一分钟；但如果让他坐在一个火炉上一分钟，他似乎觉得过了不止一个小时，这就是相对论。"

这实际上是我们在主观意识层面产生了一种时间压缩效应——当我们与后续事件有直接的联系，或我们是事件的主动发起者并造成了一定的结果时，主观感受的时间就会变快。

相反地，当我们失去对事件的主导，或感觉自己无法控制它时，你就会感觉时间变慢。

2012年，伦敦大学学院的著名神经心理学家帕特里克·哈格德在《神经科学》上发表的一篇论文，首次提出了人们对主动行动及相应的行为后果之间的时间感受会产生时间缩短的现象。

该实验中，参加实验的人被要求按压一个会延迟发出声音的按键，并对按下按键的时刻与听到声音的时刻之间的时长进行估计。

研究者发现，当被试者主动按压按键的时候，被试者对按键时间与所引发声音之间的时长感受，比非主动按键时感受到的时长要短很多。

也就是说，如果我们是事情的主动发起者的话，我们所感受到的时间长短就会缩短。这就像我们去赴约会一样，如果我们是主动追求并与自己心仪的对象相处的话，我们就会觉得会面的时间过得太快；而如果我们是被人追求且礼貌性赴约的话，我们就会觉得时间过得太慢。

在上述实验中，如果非主动按键的对照组是由脑电刺激产生肌肉抽动而触键的，这些被试者就不会感受到行为和结果之间的时间缩短。因此，哈格德等人认为——是否具有主观愿望，是决定人们时间感受的主要因素。

后来，艾米丽·卡斯帕等人将哈格德的发现与著名社会心理学家米尔格曼的电击实验相结合，他们发现：当被试者在受强迫的条件下对受害者施与电击时，其感受到的行为和结果的时间差就显得很长；而当被试者主动对受害者实施电击时，其感受到的时间差就要短很多。这说明，在强制条件下，恰恰是因为被试者不具有主动参与的意愿，因此主观感受的时间差更长。

实际上，著名哲学家休谟早就提出了类似的观点——人们容易对时间上前后出现的事物产生因果关系的知觉。

根据人类心理的这一特点，卡迪夫大学的心理学教授马克布纳提出：当我们知道事物之间的因果关系时，我们可能会缩短这两个事物之间的时间差。即使事件的起因并不是人类有意识的主观行动，无意识的机械运动也会让我们对时间和结果之间的时间差产生缩短效应。

这就是马克布纳著名的时间压缩理论。

也就是说，如果我们了解事物之间的因果关系，那么，事件的起因会在主观感受的时间轴上后移，而事件的结果就会在主观感受的时间轴上前移，最终导致两个事件之间的时间差变短。因而容易使事件的起因和结果在主观感受上产生某种紧密的联系。

也因此，人生中不同的酸甜苦辣因为体验者的不同而有着不同的判断，即中国古人所说的“甲之蜜糖，乙之砒霜”。

时间也是如此，它不仅仅是因为每个人有不同的判断标准，更多是取决于人们对于某项活动参与的主观意愿。

时间压缩效应可以更好地帮助我们学习、生活。好好地运用这种心理，会让我们更加愉快地了解这个充满奇妙现象的大千世界。

红鞋效应：
你与众不同，所以你必须优秀

美国哈佛商学院的副教授弗朗西斯卡·基诺曾经做过一系列实验，调查某些环境中人们对“着装不规范者”的看法，比如，向教育主管们询问对穿红色运动鞋上课的老师的看法、向奢侈品店柜员询问对穿运动服逛奢侈品店的陌生人的看法……

最后得出的结论非常有趣，在相对而言更高端的环境中，人们倾向于高度评价这些脱离规则的人，而不像很多人预想的那样——认为这些人装束不伦不类，进而否定这些人。

这种现象即被称为红鞋效应。

服装有展示穿着者阶层、地位、实力、背景的作用。社会规则在服装上的约束展现在两方面，一是体现专业性，二是体现更高的地位和实力。

一般而言，人们更相信正襟危坐的专家，衣着得体的人往往更容易受到敬重。因此，在社会交际中，人们会重视着装，并期待凭借服装来展现给人们精明强干的形象。

但是，在很多时候，着装出格也是博取尊重的好办法。当在相对正式的场合看到穿红色运动鞋的人时，有的人会判断此人有勇气突破规则，并敢于承担打破规则的代价，很可能拥有更高的社会地位。

因此，对敢于打破规则的人，人们反而会油然产生敬畏感。

任何规则都是由人来打破的，而打破规则就要承受相当的代价。如果有人展现出打破规则的魄力，那他获得敬畏就是顺理成章的事情。

对于个体来说，出格的服装也是一种表态，是一种展示勇气和内心意愿的机会。当你达到一定的地步，就不必过于谨小慎微了。所以，很多富裕或有权势的人会通过突破规则来彰显自身的实力。对这些人来说，服装规范形同虚设。

比较典型的例子是Facebook（脸书）创始人扎克伯格。他常常会非常随性地着装，甚至在出席很多重大场合时依然我行我素——这种行为也是其展示自信和年少有为的成功者形象的绝佳时机。

有趣的是，红鞋效应的出现与环境也有关系。

在相对卓越的环境中，人们会更加宽容，更欣赏规则的挑战者。反之，在相对平庸的环境里，人们更拘束，更认可规则的意义。

在基诺的实验中就有证明：假如在寻常学校里，穿红色运动鞋的教师会被学生怀疑其专业能力和敬业精神，其威望会下降；而在优秀学校里，这种另类教师则被认为是学术能力强，足以无视“无聊”的教学规则的典范。

事实上也是这样，在社交网络上，经常有人赞扬耶鲁大学或麻省理工学院的某些老师喜欢数十年如一日的穿格子毛衣，或者喜欢踩滑板上课……而在不入流的学校，不顾“师道尊严”，喜爱“自由散漫”的老师也不少，却不会被人重视，也很难被学生传为美谈。

如果你天生与众不同，那就应该通过非凡的努力和卓越的人在一起。一旦进入了这种环境，你就可以随意挥洒自己的个性，彰显自己的独特魅力，不仅不会被人非议，甚至有可能被人们当成“伟大的叛逆者”追随。

认知地图效应：
思维越具象，越容易成为高效学习者

我们对客观世界的认识，经常要借助于地图。它会告诉我们每一个地方有什么，每个事物之间的关系，以及各位置之间的交通方式。看了地图，我们才能对一个地区有概览式的认识。

认知地图效应的意思就是：如果我们不断加深对一个事物的认识，就会在脑子里形成像地图一样的认知地图，它会启发我们获得哪些知识、某些知识如何相关、以何种方式来获得知识。

这种具象化的思维在学习中具有非常重要的作用。

传说古罗马的政治家、演讲家西塞罗，就曾经用“记忆宫殿法”来记忆自己的演讲内容。

现代的认知地图理论来源于美国心理学家爱德华·托尔曼，他在白鼠穿越迷宫的实验中发现：小白鼠并不是依靠在迷宫中机械性的试错来走出迷宫的，而是在脑中形成了地图，所以即使没有经过迷宫中喂食电击的奖惩，它们的脑中也有模糊的印象，而这些奖惩只是加深了小老鼠的印象。

人类学习知识也是如此。就拿很多人望而生畏的英语来说，英语绝不是机械性地背会单词和熟悉句式就可以了——当然，这足以使你在考试中拿到不低的分数。然而，对于英语学习者来说，最基本的逻辑有语法，隐藏的逻辑则有各种生活化的表达和语感。

当你学习得足够深入，就会在脑子里形成一个地图一样互相联结的知识图谱。如果有人问你该怎么学习英语，你会告诉他该怎样记单词，对语法要掌握到什么程度，听力和习惯性表达该通过什么方式联系……而不是只停留在牢记单词的层面，或如何使用介词搭配……

其实，我们在生活中也经常会发现，掌握一门外语的人在学习第二门外语时要相对容易一点儿，这就是因为在他的大脑中，对学习语言已经形成了完整的认知地图——他对学习的“路径”已然了然于胸，不存在“摸黑”“抓瞎”的现象。

从另一个角度看，认知地图效应对我们的启发则是在学习中要善于构建结构性的知识图谱，以及要找对方法。

从心理学层面上看，在大脑中构建知识图谱就相当于在地图上确定正确的比例关系，你需要把相关联的知识联系起来。即孔子说的“举一隅而以三隅反”——这也是学习的最紧要关节。

你会发现，当我们上学时，教科书在知识分类上就做得非常周到。同样的道理，在生活中，我们也要善于观察总结，进而产生创意、创新。例如，共享单车红极一时，市面上就曾出现了许多“共享”名义的商业模式——共享充电宝、共享雨伞……在“吃鸡”游戏火爆的时候，市面上出现了各种不同内涵的吃鸡游戏，除了最初的枪战形式，还有传统的mmorpg（大型多人在线角色扮演游戏）形式、武侠形式、卡通轻娱形式……

这些基于微创新的新模式可以说与原作有着天壤之别，而这些创新者正是通过深刻理解事物之间的本质联系，才能进行创新和改良。

认知地图效应对我们的另一个启发就是要找对方法，而绝不能闷头学习。

如果长时间不得要领、脑子里一片混沌，那未必说明你不适合学这种东西，而很可能是你的学习方法有问题。正确的学习方法一定是能够节节突破、触类旁通的。

认知地图效应告诉了我们学习的一种模式，以及启发我们一些学习方法。如果你善于利用它，就能够使自己的学习“顺理成章”、有章可循。其实，思维导图就是基于认知地图理念扩展出的学习方法。在遇到思维混乱、找不到突破方向的时候，我们不妨尝试利用思维导图，把要学的知识、要做的事情的前因后果、来龙去脉、林林总总都分析一遍，让自己有更清晰的认识。

美国马里兰大学的心理学家埃里克·克罗克斯（Eric Krokos）等人做了一个实验，想弄清VR（虚拟现实）设备是否有助于提高记忆力。结果他们发现，使用VR设备把材料在空间中加以展示，被试者的回忆正确率为90.48%；而在使用台式机时，这一数字仅为78.57%。可见，人类对空间的感知的确有助于提高记忆力。

也许在不久的将来，我们就可以利用记忆力的这种特性，让大脑发挥更大的潜能。

角色效应：
像什么，就是什么

日本丰田公司的精益管理非常成功，也非常有名，全球很多企业都在学习丰田公司的管理哲学。

丰田公司的员工都会经过严格的培训，其中有一个细节让人印象深刻——在任命某员工成为领导前，管理者们会对其进行领导角色培训，提前帮助他们感受领导角色。

这种培训也会在普通员工中开展，让很多员工充分体会到了领导角色的内涵，他们也更能体谅各级领导，更加有意识地自我约束，很多人对领导者的偏见和对组织纪律的抗拒心理也就消失不见了。

这种现象可以用角色效应来加以说明。

角色效应是指人们所扮演的社会角色不同，心理或行为也会发生变化。

通俗来说，就是身为什么样的角色，就会更像什么角色。

人是社会关系的总和，人的行为也受制于他扮演的种种角色，很难超脱。因此会有“不在其位，不谋其政”的现象出现——很多人完全没有考虑过如果自己“在位”的话会怎么做。

就像在企业里，发牢骚、抱怨上司的人很常见，但是真正想过该怎么做的人却很少。作为一个员工，想的是少干活，多发钱，工作轻松自由，没有绩效和考核，即使工作失误也应该被“体谅”——站在员工的立场上，这样想是没有问题的，本身工作已经够辛苦了，为什么还要受太多的约束呢？

可是，对于领导者而言，既要考虑企业的效率和生产力，要努力提高企业的竞争力，还要在与其他企业的搏杀中存活下来——所以站在领导的立场上，这样想也同样是没有问题的，如果大家不能众志成城、齐心协力，有一天企业被市场淘汰，大家都丧失了工作，对谁也不好。

所以，每个人都会自然而然地“成为”自己的角色。适当地换位思考，假想自己成为其他角色，将能够帮助人们迅速而高效地理解他人。

生活中类似的行为有许多，大到美国的“一日市长”“一日州长”，或者领导干部的深入基层体验生活，小到小学里各种假想活动，都是在利用角色效应，迅速地代入其他角色的生活。

“纸上得来终为浅”，唯其如此，才能完全地将心比心。我们被置换到其他人的角色时，也能感同身受地理解他人的苦衷，洞悉他人行为的逻辑，而不是一味抱怨：“为什么你要这样做，为什么你不肯照我说的做……”

世界很大，每个人遭遇到的环境也异常复杂，没有代入过别人的角色就轻易指责别人，奢想世界绕着自己旋转，不仅幼稚，而且会显得不负责任。

美国的两位心理学家大卫·布鲁克曼和约书亚·卡拉发表在著名科研刊物《自然》（Science）上的一篇文章表明，通过简单交谈十分钟，可以鼓励选民积极主动地换位思考。在美国，人们发起了一个“设想自己如果和被歧视者互换角色会怎么样”的活动，结果成功地降低了人们对变性人的偏见，并促使《反歧视法》在国会顺利通过。

在工作和学习中，我们可以利用角色效应促使自己在各方面做得更好。在很多时候，把自己定位为更优秀的角色，也将激励每个人向假想中的完美自己努力，更好地提升自己。

一个普通员工，当他或她能够从管理者的角度来思考，有意识地对生活中的现象进行观察，改善提升自己，那么他或她的综合素质至少是在不断提高的。

就像一句格言所说的——“不想当将军的士兵不是好士兵”——这正是角色效应的内涵，即使现在身为一名士兵，也要像将军一样约束自己、锻炼自己，切不可自暴自弃，以为作为普通士兵没什么好做的，进而丧失职业荣誉感。

角色效应也可以是一种特殊的激励方式，通过这种方式，人们会更轻易地理解其他人。

当一个人很优秀时，他的自豪感就会油然而生，心里也会自我警醒，有些过去漫不经心的坏习惯也会刻意改正。在其心中，被颁发的荣誉代表了一个更优秀的角色，他会努力调整自我，以适应这个角色，至少不给荣誉“抹黑”，这种发自内心的驱动力往往更持久，也更有力量。

蔡格尼可效应：
把完成任务变成通关游戏

有些流行的电子游戏设计得比较简单，但是洞悉玩家心理的开发者设计了这样的机制：完成游戏需要八关，完成前一关卡才能向下一关推进，一旦失败，不能在中途重来，只能从头开始。

而且，开发者还刻意增强了最后一两关的难度，导致玩家只能无奈地一遍遍失败重来，以至于通宵达旦，非要通关才罢休。

这样的关卡设计者深谙人性的弱点，很多人玩得痴狂入迷，只为了通关，然后在社交网站上发一个炫耀的通关截图。

我的一名朋友曾经玩这样的游戏玩了两天一夜。其实关卡设计得很有趣味吗？也不见得，至少在同类游戏中不能说格外突出。最主要的还是通关的强力诱惑，吸引着玩家没日没夜地在电脑屏幕前消耗着时间和精力。

这种现象几乎完美地展示了心理学中的蔡格尼可效应。

这一效应最初是指人们在记忆上的一种特殊表现。著名心理学家B.B.蔡格尼可做了一个实验，她请人们做一些简单的任务，对于一部分任务，会让被试者做完；而对另一部分任务，会在中途打断，并请被试者跳过直接去做下一个任务。

最后，统计人们对任务的印象之后，她发现，人们对未完成任务的记忆比对已完成任务的记忆要更加牢固。

有鉴于此，蔡格尼可又做了一系列实验，推论原因是人们天生具有对“完形”的渴望，因此对未完成的任务印象更深刻，更渴慕将未完成的任务完成——这个解释就被称为蔡格尼可效应，强调人们往往会流连于未完成的事情上。

在开头的例子中，最吸引玩家的并不是游戏本身的魅力，而是将游戏打通关的成就感。当只完成了前面的关卡时，虽然开发者“使坏”，刻意调高了难度，但是陷入迷局的人们往往不会介意，他们不会考虑自己被开发者“设计”了，心里只有一个呼声——不达目的誓不罢休。

最终，正如开发者所预料的，玩家在游戏上的留存时间大大增长，轻易收获了一批“死忠”用户。

蔡格尼可效应在商业中应用得非常广泛，除了游戏开发商，很多其他商家也摸到了这条扩大销量的秘脉。

有两个经典的场景用到了它。一个是电视广告，插播广告的收益要比其他时间段广告的收益高得多，原因就是当人们在沉迷精彩的剧情时，非常不情愿被打断，那种痛苦简直让人气到跳脚，很多人会在这个空当喝杯水，也有相当一部分人会守在电视前，哪怕再无聊的广告也要等它过完，于是广告的收益也就水涨船高了。另一个场景是有些企业会推出一系列的商品，比如小时候收集卡片的小浣熊方便面，和现在优衣库不断更新的××系列，虽然系列内每一种相差不大，但是很多人就会情不自禁地想要集齐全套，这也是蔡格尼可效应在推波助澜。君不见大包小包、你拥我挤，甚至拜托朋友近水楼台抢购优衣库T恤者，何其之众？作为平价T

恤，优衣库的产品固然在设计上有独到之处，但是火爆如此，只能说洞悉消费者心理、迎合人性深处的渴望，也是非常重要的环节。

蔡格尼可效应作为一种典型的心理现象，它不只也不应该只被用在商业领域。比如当我们在了解了蔡格尼可效应的内涵后，也可以用它来对抗拖延症。很多人之所以敢拖延，是因为在其心中，将事情分成了不同阶段，当他完成了简单的事情后，自我满足，做事动机就会下降，开始“放松一下”。所以根据蔡格尼可效应，要适当地对其施加事情中断、未完成的紧迫感。

途径有两条，一是确认事情是一个有待完成的整体，不容放松，必须保持紧张；二是先完成较难的部分，举个通俗的例子，一个写论文先写正文，写了一截的人一定是时时刻刻挂念这个论文的，他时刻想要完成论文，而另一个写论文先洋洋洒洒写了二百字引言扔到一边的人，更可能陷入拖延，他觉得自己阶段性的工作已经做完了，没必要过分紧张。我们做事情，有时候就应该先做难做的，哪怕做到一半暂时搁置，也可以督促我们持续不断地为之努力。

蔡格尼可效应正是指人们在做事情时，务求完整的一种有趣心理。巧妙利用它，不容易陷入消磨时间的陷阱，也可以顺利地激发我们的责任感，告别拖延。

半途效应：
最难熬的时候是黎明

创业无疑是一个伴随着风险和磨难的过程，成功的人有许多，失败的也不计其数。对于很多创业的人来说，他们失败并不是失败在开局，在刚开始时，凭借着心里的冲劲儿和克服万难的决心，无论什么困难都可以竭力克服；他们也不是失败在后半段，死在黎明前的曙光中的人总是少数；往往是在创业中途，业绩陷入平淡，长期停滞，看不到增长点，持续的惨淡导致了自我怀疑，怀疑究竟是不是选错了方向，时日一长，心中的万丈雄心也消磨殆尽，最后放弃了。

在事情发展上，中间段是比较特殊的。在人的心理上，更是这样——当事情发展到半途时，环境和心理因素共同作用，导致激励作用骤减，人们会陷入悲观消沉，怀疑自己能否达到目标，甚至怀疑达到目标究竟有没有意义，这种心理现象被称为半途效应。

在事情之初，人们都有一定的心理预期，对将要面临的困难有一定的估计，因此，容易咬紧牙关，度过这一段。在事情的结尾，总能看出一点儿成功的征兆，受到将要成功的鼓舞，也能够振作。唯有中间，是最煎熬的一段。给自己打的“鸡血”往往在中途消耗无遗，意志也开始动摇，放弃、自我否定的意志开始升起，这时一旦受到什么刺激，就可能放弃努力了。

有许多人，会陷入崩溃，这往往也是在事件发生到中途时，独自承担了许多压力，不肯向亲戚朋友吐露，压力积聚得越来越大，当在中途时，心理格外的脆弱和敏感，一旦遇到什么问题，很容易“一点就炸”，突然崩溃。

我们在从事长期的、艰巨的事情时，一定要善于调整自己的心态。善于通过多种多样、随时随地的动力来激励自己，而不是通过某种单一动力来激励。就比如创业，要在工作中发现能够点燃激情的因素，发现工作的乐趣和价值，每一天的进一步和微小成就都可以督促我们向前，而不是抱着一个狭隘的宏伟目标，只盯着创业成功、公司市值几个亿这种终极目标。在创业过程中，有意义的事情许许多多，哪怕自己为世界创造了微小价值，给一个刚毕业的大学生下属发了让他开心的工资，不也是非常值得自豪的吗？

2016 年发表于《经济心理学》（Journal of Economic Psychology）的一篇文章显示，如果人们错过了之前的一个好机会，他们就会更倾向于放弃当前的次好机会。所以，如果你放任自己，从一开始就做一个习惯放弃的人，那么以后的其他成就也会与你无缘。

对抗这种“半途效应”，是有方法的。不唯结果论、不以终极目标论成败，善于发掘阶段努力的价值，是我们对抗半途效应的有力武器。在学校时，我们都明白高考是我们高中学习生涯的试金石。我们努力学习，宵衣旰食，只为了高考时能够金榜题名。有时，也会产生懈怠心理。这时，就要明白，学习的目标虽然是高考成功，但是学习的意义远不止高考。我们能获得的知识、理解世界的方式、与同伴相处的技巧……这些都是非常有意义的。理解了这一点，我们就能保持心态的平稳。

对抗半途效应，还有一个关键技巧是合理制定目标。如果目标适当，通过适度的个人努力就可以达到。有的目标指定的过于宏伟、长远，其实很不利于目标的实现。有些目标，自己都不知道哪天能实现，势必经常受到半途效应的折磨。网上有一个新闻，说有一对年轻夫妇，喜得贵子，就给孩子立目标“距离高考还有6 500天”，这样的望子成龙，如果真的实行下来，会给孩子带来沉重压力。

半途效应是每个人在实现目标中都会经历的一种心理，它告诉我们为什么我们会懈怠甚至放弃。了解它，对症下药，我们将能够更好地制定目标、实现目标，走向人生的巅峰。

懒蚂蚁效应：
快行动不如慢思考

在你当年读书的时候，班上是否也有这样的现象？有一些同学学习非常认真，废寝忘食，但是学习成绩总是不如人意；而有些同学呢，打篮球，玩乐器，生活多姿多彩，好像没花什么时间在学习上，但是班上前几永远少不了他们的名字。我们习惯用天赋来概括他们成功的原因，认为“有些人就是聪明，学什么都快，而有些人就是反应慢一点儿”。这当然有一定的道理，但是更深的原因，却不止于此。

我们不妨来看一个日本北海道大学进化生物研究小组曾经做过的实验：他们通过观察三个分别由30只蚂蚁组成的黑蚂蚁群活动发现，大部分蚂蚁都在十分勤劳的寻找和搬运食物，但是大家都在努力劳作的时候，有几只蚂蚁却在那里“偷懒”，它们左边看看，右边跑跑，就是不干正事。但是有趣的是，在科学家们断绝这群黑蚂蚁固有的食物来源的时候，勤劳的黑蚂蚁们急得团团转，但是偷懒的“懒蚂蚁”们这个时候就开始大放异彩了，它们马上带领一筹莫展的蚁群们找到它们早已发现的新食物源，解决了蚁群的粮食危机。原来，这群“懒蚂蚁”们并不是真的在偷懒，而是在观察和开拓新的食物源。它们是蚁群这个团队的大脑，时刻准备为群体寻找新的出路。

这个效应被称为“懒蚂蚁效应”，那些看上去懒惰的成员，其实在团体中担负着很重要的职责。他们并不是在消极怠工，而是在观察、思考，为这个团队的未来贡献自己的思路。

一个团队，既不能缺少勤勤恳恳认真工作的“勤劳蚂蚁”，也不能缺少长于思考的“懒蚂蚁”。如果没有人干活，那事情根本不可能完成，但是如果所有人都在忙碌，没有人为这个团队提出计划和总结，没有人真的在思考事情怎么办更好，那这个团队也不可能有任何进步，甚至不能很好地完成任务。

在团队协作中，勤劳者的付出是谁都看得到的，所以他们往往能够得到人们的尊重，当他们获得奖赏时，大家也都心服口服。但是“懒蚂蚁”们的付出被人们重视得就少了，他们在团队中有时候不仅得不到应有的尊重，甚至往往还要被人误解。人们只看到他们“没做什么”，而很少能看到他们“做了什么”。

其实，他们很少像别人一样忙忙碌碌，在对待一些工作的时候也显得很懈怠，是因为他们总是“三思而行”，要先提出计划，想好步骤，分析好团队的强项和薄弱之处，找到最快、最近的那条路。而某些“勤劳蚂蚁”只是在做机械性的工作，一旦事情发生变化，他们就会茫然无措。

那么，现在回到我们开始提出来的那个问题，一个“懒惰”的优秀学生，只是因为天赋高、人聪明吗？明显不是的，学习不是说做了多少套习题，花了多长时间看书就算努力了。如果你只是日复一日机械地做题，按照学校安排的时间表周而复始地生活，却从来不去总结自己学习上的薄弱之处，从来不分析自己的学习情况，那你只是安慰自己的表面努力而已。

一个真正优秀的学习者，会先判断自己的学习状态，分析好自己的长处和短处，根据自己的实际情况来指定学习计划，有步骤的规划好学习时间，并且不会耽误他娱乐和休息。他不会强制要求自己一天做十套题，而是一套一套吃透。有些人在用手和嘴巴学习，而他们，用的是脑子。

飞去来器效应：
努力的方向不对，只会离目标越来越远

当你在广场上散步时，可能会见到一些孩子在玩一种“人”字形的飞镖，这种飞镖很有趣，你用力把它扔出去，过一会儿它又会自己飞回来，省去满地跑着捡东西的麻烦。

这种飞镖叫作“飞去来器”，最开始是澳大利亚的土著用来狩猎的工具，现在不用狩猎维持生存了，它就变成了一个有趣的玩具。

“飞去来”，听名字就知道，这种玩具可以飞出去，最终还是会飞回来。然而，如果我们最开始只是希望它飞出去，那最后不就是事与愿违了吗？因此，心理学上把这样一种现象称之为“飞去来器效应”，用来形容行为反应的结果与预期目标完全相反。

这个现象最早是由苏联心理学家纳季什维利提出来的，主要形容一种情绪上的逆反现象，比如，有时候，我们越是想要别人听从我们的话、按我们的要求行事，就越容易招致别人的反感，最终导致谈话破裂。

所以，在人际交往中，我们所用的方式和方法——甚至包括遣词造句——都需要格外的留意。

那么，为什么会出现这样一种逆反心理呢？原因有很多，第一是目标和手段不协调一致——我们都听说过“南辕北辙”这个故事，故事中

的人想去楚国，明明应该往南走，却驾着车往北赶。这样，即使他的马再好，车费再多，车夫技术再高，也不过是离楚国越来越远而已。目标和我们实现目标的方式不匹配，付出再多的努力，也不过是让我们离目标越来越远而已。如果像故事里的车夫一样，只知道自己的目标在哪，却不知道如何正确地向目标靠近，那一切都不过是徒劳。

第二个原因是先入为主的厌恶引起的情绪逆反现象。比如我们特别讨厌一个人，那么他说的所有话我们都会带着负面情绪去听，无论他说什么，都很难达到他的目的。或者我们本来很讨厌某人的某一个观点，恨屋及乌，当他提出另一个观点的时候，我们也很难接受。如果他再强迫性的输出，毫无疑问会得到一个反效果。又或者是朋友或者夫妻之间在吵架，情绪比较激动，心里也很不理智，这个时候进行对话，就很难达到本来的目标，因为我们会默认对方说出的任何话语都是在挑衅。

那么，如何避免出现飞去来器效应中出现的消极作用呢？第一个就是谈话前要做好安抚工作，不要制造对立。比如家长和孩子沟通时，上来不分青红皂白，先把孩子骂一顿，那你后面说的话再有道理，孩子也很难听进去了。在意识到对方的情绪不稳定时，应当先让他稳定下来，再进行谈话，这样能够增加谈话成功的概率。同样的，如果先给了别人不好的初印象，让别人对你产生了厌恶，谈话也会很难展开，这时应当先化解误会，缓和对方的个人情绪，再进行下一步。

第二个是不要强制输出，不要用命令式的语气和别人谈话，也不要在谈话中出现一些极端观点。如果你在交谈时竭力输出自己的观点，甚至不允许别人反驳，那么别人能够接受这种观点的概率几乎接近百分之零，

“欲速则不达”，即使你想要达到你的目标，方式和方法仍然是最重要的，否则失败的概率会大大的提升。

最后，如果已经引起了飞去来器效应的这种情绪逆反效应，也不必惊慌，冷静沉着，寻求新的解决之法，只有耐心等待，最后才能换来真正的成功。

第三章

詹森效应：

越是渴望拥抱，
越伸不出手

詹森效应：
越是渴望拥抱，越伸不出手

曾有个名叫丹·詹森的速滑运动员，他平素训练对自己高标准、严要求，多年积淀下来，实力异常雄厚，是夺冠的热门选手。可只要詹森走上体育赛场，成绩总是不那么理想，完全没有发挥出自己的真正实力。在世锦赛的赛场上，詹森曾斩获多枚奖牌，甚至还打破了七次世界纪录，然而在奥运会的赛场上，詹森却屡屡与冠军失之交臂。

其实，詹森之所以陷入这种困境，完全是因为奥运赛场上的节节失利，使他的失望和挫败感不断增加，压力越发增大且神经过度紧张。由于此种情况非常普遍，所以后来人们便将那些同詹森一样，平时表现很好，一到正式比赛便出现心理问题，继而导致比赛失利的现象称为詹森效应。

从心理学的角度来说，詹森效应其实是浅层的心理疾病。它会将现有的困境无限放大，导致人的心理出现异常，使人在大赛场合出现失利的悲剧。日常生活中，詹森效应其实非常常见。比如，平常名列前茅的学生在高考中失利，平常实力强大的运动员在赛场上发挥失常等，但出现詹森效应的原因往往是其人的胜负心太重或者自信心不足。

体操运动员李小鹏就曾陷入詹森效应之中难以自拔。2004年雅典奥运会赛场上，被寄予厚望的李小鹏在单项比赛中发挥失常，仅仅得到一枚铜牌。而在一年之前，李小鹏则斩获了世锦赛两个体操项目的冠军，并且还是悉尼奥运会该项比赛的金牌得主。这也就意味着李小鹏完全拥有问鼎冠军的实力，赛场上的频频失利恐怕是来自心理的原因。事实上，李小鹏在比赛以后接受采访时也讲到了比赛失利的原因，他表示比赛时自己的确有很大的心理压力，心情非常紧张，所以才痛失冠军。由此可见，一个人的心理素质的确对其做事的结果会产生举足轻重的影响，为避免在大赛场上出现失利的悲剧，必须要加强心理素质的建设。

在亲密关系中也是如此。就像电视剧《欢乐颂》中的安迪，虽然她非常渴望亲密关系，但是，一旦有人接近自己，就会变得非常紧张，似乎是在刻意和对方保持距离。这也是因为对亲密关系的渴望，反而阻碍了两个人的接近和交流。

在日常生活中，我们往往会过度关注事情的结果，而忽略过程。但如果我们懂得如何去淡化结果，注重过程，不要过多地考虑成败，反而心理压力会降低很多。当我们将精力集中在问题本身的时候，并且全身心思考解决方法及具体操作步骤的时候，也就很难被詹森效应所影响。

另外，詹森效应的产生也与自信心有关。很多时候，当我们开始怀疑自我，质疑自身能力的时候，往往就会出现事与愿违，发挥失常的情况。所以，紧张的时候，不妨适当暗示自己，提醒自己沉着冷静，重新建立起自信。

平日里，我们不光要注意避免自己受到詹森效应的影响，同时也要注意不要给他人太大的压力。有些人平素实力超群出众，所以大家便对其投诸过多的期望，这在无形中给对方造成了一种不能失败的心理定式。就拿田径运动员刘翔来说，全中国人民的希望都倾注在他的身上，而他也的确有夺冠的实力。可就是因为这种“只许成功，不许失败”的压力，反而导致事与愿违。

总而言之，我们做事情要更加看重过程，对结果不要太刻意追求。否则，恐怕就要陷入詹森效应的怪圈之中，把对成功的期望，变成对成功的阻碍了。

凡勃伦效应：
定价越高，反而越吸引人

有一种看似反常的现象，有些时候，商品定价越高，反而越受消费者青睐。现实生活中，类似的例子有很多，比如包装精美的礼品——茶叶、月饼、红酒，它们的价格往往数倍甚至数十倍的超出它们的实际价值，然而购买的人还是趋之若鹜。甚至越贵的东西，卖得反而越好。在心理学上，这种现象被称为凡勃伦效应。

这种现象无疑很值得人们深思，为什么那么多人情愿去当冤大头呢？

首先，在“刚需”、手头拮据的情况下，人们恐怕是很难产生这种心理的。比如说手机，作为必需品，许多人都非常在意“性价比”，这是与凡勃伦效应背道而驰的。在生活窘迫时，这种情况也很难发生，淘宝上大量主打廉价实惠招牌的商铺营业额非常之大。所以我们就能窥见一丝凡勃伦效应的真实情形，它往往发生在非实用情形、人们手头宽裕的情形下。也就是有了消费能力、为了表现自己的消费能力，人们才会高价买某些商品。换句话说，就是“炫耀性的消费”。

非常典型的场景就是商场和专卖店。在商场里，客人来这里的目的就是消费，他本身就带有强烈的消费预期，很多人不会特别看重价格的影响，对于相当多逛商场的顾客来说，手里提着大包小包，在商场的导购人偶旁边拍一张可爱的照片，回去发朋友圈，有时候比买什么更重要。所以很多时候，商场的价格都定得比较高，但这丝毫不影响人们的购买热情。

专卖店是另一种情形，它的身份标识更明显，炫耀成分更浓重，很多人能分辨出耐克、阿迪的商标，但是分不清布料、缝纫工艺和新材料。专卖店的品牌就是炫耀的根源，在专卖店里标出高价，更方便顾客买到后向朋友展示。

君不见国际潮牌supreme一块砖头卖出了700美金的高价，购买者仍络绎不绝？

supreme卖得完完全全是一块真砖，除了打上了supreme的商标，和普通的砌在墙里的砖头没有任何区别。对此，网上所盛传的各种解释也多少有些似是而非，我们还不如相信这是人们在凡勃伦效应影响下入了魔障。

当人们经济阔绰时，往往不会在意商品的真实价值。他们买东西只是为了满足心理欲望、向他人进行展示。迈克尔·杰克逊生活压抑时，曾经去商场大采购，他的购买方式是“这个拿走、那个也要，还有那个”……最后基本搬空了一家商场。王思聪曾经给他的宠物狗买了一只苹果手表。这样的人，假如你告诉他们这件东西定价高昂，他们可能还会觉得“值得一买”；假如你告诉他们清场促销，他们也许连问的兴趣都没有了。

人在经济压力较大时，会过分关注物品的实用性，忽略品牌、设计、认同感等溢价内容；而在经济压力较小时，就会受凡勃伦效应影响，忽视实用性，追求实用性以外的价值，甚至是追求高昂价格本身。这无疑是非常有趣也非常重要的消费心理。我们在力所能及的情形下，应该竭力避免两种极端态度。尤其是后者，不能做冲动性、一时爽快性的消费。在消费时切忌有以下想法："这价格一看就是高端品牌""这价格展示了高收入身份""我买这个就是因为其他人买不起，我怎么能跟普通人用一个牌子"，诸如此类，都是非常不可取的。

对商品精挑细选、反复权衡并不是一件丢人、没面子的事情。乔布斯在成为亿万富翁后，曾经为了新家的空调买哪个牌子，和全家人席地而坐商量了几天。对于他来说，钱并不是问题，良好的功能、可靠的工艺、优秀的设计更值得斟酌。他大可以像大部分有钱人一样，去空调店里买一台最贵的，然后让店员上门安装，但他并没有这么做。

凡勃伦效应就是告诉我们有时候商品定价越高，越受人喜欢。商家要善于利用这一点迎合顾客，让顾客花钱花得更愉悦，而消费者则不妨在消费时提升一些理性。

阿伦森效应：
这个技巧，能让赞美的话比原来听起来更美妙

现在家长大都会送孩子去兴趣班。在兴趣班里，老师对孩子的评价会非常影响孩子的学习兴趣。假如一个钢琴老师对孩子说："你弹得不错，但是某个地方音不准，你再弹一遍。"孩子会努力再弹，但是如果每次老师都这么说，孩子就会很快感到沮丧，对演奏表示出厌恶。

这种随着奖励递减而导致态度渐趋消极、随着奖励增加而导致态度转向积极的现象被称为阿伦森效应。阿伦森效应直白一点儿说，就是人们对自己期望的、正面的、积极东西总是越来越多——哪怕总量不变。就像古代寓言故事所说的，朝三暮四给人的心理感觉，要胜过朝四暮三。

心理学家艾略特·阿伦森曾经做过一个实验，他将被试者分为四组，分别对每一组被试者进行不同的"言语攻势"，第一组，持续不断地赞美某人；第二组，持续不断地批评某人；第三组，先进行赞美再进行批评；第四组，先进行批评再进行赞美，然后观察被试者的态度。实验结果显示，在大多数情况下，被试者某对第三组最反感，而对第四组最有好感。

阿伦森效应生效的关键因素在于带给人的挫折感不同。当一个人得到积极评价再得到消极评价时，他心中的落差较大，挫折感也更显著，这就使人们不能接受。

在开头的例子中，钢琴老师并不是没有肯定孩子的表现，在老师眼里，孩子总体的表现是在进步的，但是，老师的表述和要求使孩子觉得否定不断来袭，导致了孩子在心理上的不悦。老师心理可能会奇怪，为什么总体上是在表扬孩子的，孩子却看起来没有受到鼓舞，反而更低落了？这就是阿伦森效应的效力。

在工作中，类似情况发生得也很多。有些领导，在确认要表扬、提升某优秀员工时，会额外地关注他、敲打他。本意上领导认为这是特殊的赏识，但是，这种发生在简单的赞美后的持续批评，往往使员工格外的郁闷。员工心理会产生严重的落差。

反之，优秀的领导总会注意说话的方式，即使是在批评后，他们也会进一步地回旋，俗话说“打一巴掌给一颗枣子”。当员工犯错误时，他们会进行严厉的批评，但是在批评后，会解释员工在这件事上的错误是多么的不应该、不像是他这么优秀的人该犯的错误、如果努力改正，在工作上将会有更大的进步云云。

还有一种典型的现象证实了阿伦森效应的巨大影响，那就是夫妻、情侣、朋友之间的“冷战”。我们经常会发现，双方的冷战会急剧消耗双方的爱与信任。反而是吵吵闹闹、磕磕绊绊的夫妻会走得更远。在间歇性的吵闹中，双方之间也存在经常性的甜蜜，这样的波动构成了鸡毛蒜皮、柴米油盐酱醋茶的日常生活。但是一旦发生冷战，之前的甜蜜看起来就像是为今天的冷漠做的铺垫，过去的甜蜜看起来分外刺眼；双方之间不再有良好的沟通，整个过程就像阿伦森实验中的第三组的情形，由正面转向持续的负面，最后产生不可弥补的裂痕。

这就是阿伦森效应，虽然看起来很寻常也很细微，只是一个简单的沟通技巧，但是它对我们的沟通却大有裨益。有时，我们会发现不知不觉就被对方“心理拉黑”了，甚至明明觉得我们是在赞扬对方，但对方却一脸不悦，这时，我们就不妨使用阿伦森效应对照一下自己的言行，是不是自己表达赞美的方式出现了小问题。

曝光效应：
看到的次数越多，就会越喜欢

不久前，社交媒体上一个热点新闻就是著名歌星贾斯汀·比伯“约战”好莱坞老牌影星汤姆·克鲁斯，这件事儿看起来非常无厘头，两个远日无怨、近日无仇的明星怎么突然想起来要打架了？

是啊，贾斯汀·比伯的形象和格斗士实在不搭界，而且汤姆·克鲁斯比比伯足足大了37岁，这算是“不尊老敬贤”吗？

不过，有些观众也大不以为然，说汤姆·克鲁斯当年拍摄动作电影时都是自己亲身上阵的，以比伯这般“纤瘦娇小”的体格，真的有胜算吗？

然而，对于熟悉贾斯汀·比伯的朋友来说，这只不过又是一场炒作罢了——合不合逻辑完全不重要，甚至决斗会不会发生也都在其次，比伯只想把噱头搞得更吸引眼球，让自己再度在全球媒体上曝光而已。

在心理学中，有一种效应叫作曝光效应，也称作多看效应，意思是人们会单纯因为熟悉某个人或事物而对其产生好感。

换句话说，一个人和事物，当其反反复复地出现在人们眼前时，就足以使人们对其好感迅速飙升。贾斯汀·比伯和他的营销团队深谙这一原理，总是刻意地搞出一些夸张的、耸人听闻的新闻，目的就是让比伯的形象频繁出现在全世界人们眼前，借以扩大知名度和好感度。

事实上，贾斯汀·比伯的这种行为也是有效果的。作为歌手的他一直承受着非议和讥讽，有些人质疑他的歌曲太“口水化”。在起初，他的受众也主要集中在未成年群体。再加上被人拍到他放纵自我的一些劣迹，所以，贾斯汀·比伯最初的风评是不太好的。

但是，随着他高频率地发布新歌，且新闻报道持续地出现在媒体上，人们对他的印象开始大有改观。甚至，很多对他不熟识或没怎么听过他的歌的人也觉得比伯“是个挺阳光的小伙子”。

现在，人们更多地接受了他的正面形象——一个很有才气、积极上进、勤奋创作的年轻歌手。

曝光效应的作用在这种媒体营销中体现得淋漓尽致。细究原因，是我们每个人内心深处都有保证心理安全的需要，而熟悉的人和事物能带给我们确定、安全的感知，于是我们会产生偏好和亲近心理。

就像我们还是婴儿时，往往会亲近母亲，在我们业已熟悉的领地蹒跚学步，即是通过接近熟悉的事物来确保心理安全。此时，当我们反复看到某人或某个事物时，我们就觉得更熟悉也更可靠了。成年之后，我们的这种心理也一直保留了下来。

有句话说：在社会环境中，没有新闻就是好新闻；而在娱乐圈，有新闻就是好新闻。任何人都渴望社会环境的稳定，大家都能安稳度日，没有新闻对普通人来说就是万幸的事情；而在娱乐圈，明星们只有提高曝光率，经常性地出现在观众眼前，才更能获得观众的喜爱——哪怕是坏新闻，也比寂寂无闻、被观众遗忘好得多。

生活中，我们常常可以看到“日久生情”的例子——某人和某个异性朝夕相处，时间长了，感情就会逐渐升温，直至发展为情侣。此外，我们总会觉得身边的人更亲切、更可靠，对陌生人则更容易产生误解和偏见——两种现象也都是曝光效应的体现。

在商业领域，曝光效应的应用更是无所不在——商家们往往会充分利用曝光效应，在电视、网络等媒介上“狂轰乱炸”地播放“洗脑”广告……很有趣的一点是，往往我们开始的时候觉得厌恶，觉得商家的广告制作得太过简单、无创意，时间一久，居然觉得还“蛮顺眼”，甚至挺好玩。

如此，商家的目的也就达到了，广告的作用也得到了有效发挥。

曝光效应是很容易理解的一种心理学现象，一言以蔽之——“看得越多，就越喜欢”。其内涵虽然简单，其存在却格外广，在社会生活中，我们处处都能察觉到它的存在。

拥有效应：
免费的东西才是最贵的

在照顾婴幼儿时，我们经常可以看见这样一幕：把奶嘴或是玩具从宝宝手中拿走，他们马上会发出响亮的哭声来表示他们的不满。

通过这个现象，心理学家发现，我们所有权的意识出现得非常早。在心理学上，有一个现象叫作拥有效应，是说当你一旦拥有某样东西，这样东西在你心里的价值就会马上提高，因为这样东西和你的“自我”产生了联系。

芝加哥大学的理查德·塞勒教授做过这样一组实验，他让获得咖啡杯的人（我们称为卖家）和没有咖啡杯的人（我们称为买家）分别给咖啡杯标价。他发现，卖家的要价的中位数是5.25美元，而买家的出价的中位数是2.25~2.75美元——前者是后者的两倍。

有意思的是，这个现象与传统经济理论截然相反，根据传统理论，在给定的一段时间和一部分人口中，一件物品的市场价格应该与一个人拥不拥有这件物品无关。拥有效应则打破了这种传统认知。

是卖家贪心虚高物品价值吗？还是买家想要以最实惠的价格买到这个商品呢？其实都不是。理查德·塞勒教授的这个实验用一种更为直观的方式，向我们揭示了“价值”的主观性：**一件东西究竟值多少钱，更多地取**

决于我们站在哪一个位置上。

不要说卖家总是高价叫卖，如果换作我们自己在他的位置上，恐怕是一样的。在生活中，我们也一定都扮演过买家和卖家的角色，也一定曾经为了彼此的利益而争论不休。

拥有效应在一些市场营销中也经常被利用，商家正是抓住了用户的这种心理，于是开展了相应的策略。商家提供一些商品一段时间的免费试用，比如扫地机器人。客人试用一段时间之后，在他的心中，因为拥有效应的影响，会不自觉地放大扫地机器人的价值。所以，顾客往往在试用之后舍不得将扫地机器人送回去——这样也就间接促进了扫地机器人的销量。

同样，在汽车4S店也是如此。很多已经买车打算换车的人，其实很在意“自己的旧车能值多少钱”“汽车销售商如果提供旧车置换，会折算成多少钱”等问题，而且，他们往往会高估自己旧车的价值。所以，4S店也往往顺应他们的想法，在旧车置换的问题上，用高价收购旧车的宣传让顾客觉得划算。而实际上，销售商可以赚取更多——这就是拥有效应的市场应用。

拥有效应常常令我们觉得自己买到一样东西的快乐会小于失去它的痛苦，就好比你买了一只口红，此时你的心情也许只是有点高兴。但是，你不小心把口红摔在地上折断了，这一结果对你造成的负面影响远比你购买时的兴奋值大得多。所以，我们常常也会被拥有效应所支配——过分关注自己所拥有的东西，而忽略了外在更多的可能。

拥有效应让我们的目光过度注意到现在所达到的一定水平，往往忽略了这些物品的真实价值。它可以让我们珍惜所拥有的，也可以让我们陷入失去的消极心理中。所以，正是因为对于价值的判断高于实际，我们会努力让某样物品保留足够长的时间，或者是让现在拥有的感情有着足够长的保鲜期。

但这一心理效应也像是一把双刃剑，当我们面对着失去的场面的时候，拥有效应也可能将我们拖入深渊，我们可能无法承受这种价值的损失，甚至导致心理压力过大而无法缓解。

金姆定律：
别怕与众不同，那是出众的表现

该如何形容人群中最有才华的那个人？卓尔不群、鹤立鸡群、惊才绝艳，或是与众不同……这些词语都像是在强调此人与他人的不同之处，意味着和他/她一比，其他人都只是“其他人”。

那么，造成这种不同的是什么？是什么让其得以在旁人——或者说，大多数人之中脱颖而出？英国维明顿公司总裁W·金姆曾经提出过一个理论：出色的人往往都有自己的见解，而平庸的人则往往附和别人的意见。

此话听着有些扎耳——这个理论将人群分为两种，一种能独立提出见解，一种则是随波逐流、人云亦云。正如我们总会下意识把目光投向那些更出格、看上去更与众不同的人身上，而忽略其他面孔模糊的芸芸众生一般，拥有独到见解的人，自然能让人印象更为深刻。

当然，这种“独有见解”绝不能是毫无根据的臆测或呓语，而是经过独立思考和辩证所形成的猜测和思想，否则便难免沦为“民间科学家”一类的存在。而众人口中眼里的那种“出色、出众”的人，则能够跳出“固有思维”这个盒子，从一个崭新的角度看待问题，从而发现新的道路，自然也成了这条新开辟的道路上的先行者和领导人。

乔布斯——苹果智能手机的发明者，可谓我们如今最为熟知的一位开创者。在他之前，手机都是按键式，其可操作性和灵敏性与如今的手机不可同日而语。乔布斯可谓以一己之力为全世界开创了一个崭新的时代，其后依托智能手机这一平台发展而来的种种产业不可胜数。而在他之前，从未出现过“智能手机”这一构思。

假如乔布斯仅仅依照以往的经验，依旧在按键式手机上奋斗，恐怕如今我们的生活将会大大失色。而有这样一份“独特见解”做对比，无怪其他以前做按键手机、如今跟着做智能手机的行业大腕，都不曾被世界各地这么多普通人所熟知了。

由此看来，“出色的人往往都有自己的见解，而平庸的人则往往附和别人的意见”这个理论，也并不真的那么武断。毕竟，我们也知道——若无独特的、出众的、旁人无法想到的见解和思维，也就不会有新的可能、新的发展、发明，以及让我们仰视并追随的领导者和开创者。

让我们把目光收回来，投向我们的生活。“平庸”一词指普通、寻常而不突出、碌碌无为的人或事物。普罗大众自然难以成为出众的人物，但我们仍可尝试着让自己避免“自认的碌碌无为”——我们是否可以尝试在认可每一个外来思想之前，先去辨认自己为何想要认同？是否可以在否定之前，先思考自己为何否定？

无须太过强迫自己，只要尽力去尝试分辨与思考，并跳出旧有的固定思维——或许下一个独特的思想，就会出现在你的脑海中。

贴标签效应：

你觉得自己是什么人，就会成为什么人

在日本，有一群年轻人被称为“宅男”。这些人的典型形象是沉迷动漫和游戏，缺乏现实社交，对工作和人际交往缺乏热情。他们往往主动选择“宅”在家里不出门，自我管理较差，个人形象随意放任。

随着日本流行文化在中国的盛行，“宅男”这个概念也被许多人用在了朋友身上，甚至衍生出了“肥宅”“死宅”等概念。值得关注的是，一个人一旦被冠以“宅男”的标签，时间久了会真的越来越像宅男。在一些二次元的社区中，往往能看到这些人发生“转变”的过程。

起初，他们只是觉得自己不喜欢现实中的环境，觉得自己像“宅男”，但是随着在论坛上越来越如鱼得水、周围人越来越冷落他们，他们真的就向“宅男”方向发展了。我的一位朋友就是这样，原本他只是不喜欢交际，性情有一些淡漠，但当他被周围的亲友称为“宅男”并逐渐认可这一个人定位后，就渐渐地杜绝社交，终日以动漫自娱了。

实际上，在我的这位朋友（以及与其有着相似经历的“宅男”们）身上，就体现了贴标签效应——人们对他人赋予一个简化的、概括的标签，进而限定他人在其心中的印象，并且引导他人向标签所描述的形象发展。

“宅男”，就是一个非常概括的标签，虽然看起来它有清晰的界定，但

是远远不足以概括整个“宅男”群体的形象。

每一个所谓的“宅男”都沉迷动漫和游戏吗？不一定，也有人可能喜欢积木；每一个宅男都缺乏社交吗？也不一定，有人只是把社交当作伤身费力的苦差事……但是，使用“宅男”这一个概念，可以快速地对一群人做出粗略的认知。这种认知可能不准确，但是省心省事。

例如，我们向他人介绍某人时，说 × × 是宅男，他人很快就清晰了 × × 的大概形象。这就是贴标签效应发生的两个重要因素，也是它的优势：一是迅速简洁地做出认知；二是便捷地向他人传递某个形象。

当我们把某人定位为宅男时，我们在潜意识里会期望对方“更像宅男”，好证明我们是对的。事实上，受到标签的暗示，对方也会逐渐将个人形象向标签描述的那样去发展。标签效应的作用就在于：向对方传递我们的期许；满足我们内心可控的需要；对他人形成引导。

贴标签效应在生活中出现得非常频繁。“学霸”“学渣”“白富美”“高富帅”……我们在生活中造出了许多标签，并向身边人“发放”。然而，这些简单的描述却遮盖住了一个个立体的、鲜活的人。也许我们该反思，给人贴标签是不是好的认知管理办法呢？是不是会使我们对他人形成错误的认识呢？更甚一步，会不会误导他人呢？

“学渣”的标签会诱导这个人降低学习欲望，这看起来很容易理解，但是“学霸”的标签就一定会带来正面影响吗？

也不尽然，很多人眼里的学霸是除了会考试一无是处。他们觉得学霸在生活能力上总是差一点儿，像爱因斯坦一样穿衣没品位，最好在生活其他方面有些迟钝，甚至就是“书呆子”。然而，像钱学森、杨振宁、袁隆平等大师，他们是“真学霸”出身，又哪里看得出缺乏生活品位呢？

而且，当标签贴到人或事物上后再想扭转，往往就很困难。比如说某些平价品牌，一旦平价的标签被贴上，以后再想做高附加值的产品就很困难，品牌转型就阻力重重。

又比如，往往在很多年后，我们对某个同学的记忆还停留在他的“外号”上——外号就是一种标签，片面描述了他的某个特征，根深蒂固地占据了我们的思维。

贴标签效应在我们生活中非常常见，但是，许多人都没有考虑到贴标签效应会带来哪些影响。所以，当你对贴标签效应有了一定的认识时，就一定要避免这种单向的、简单粗暴的思维模式。

第四章

禀赋效应：

到手的，才是最好的

禀赋效应：
到手的，才是最好的

在生活中有一种很常见、很有趣的现象——当人们未曾得到某样事物时，总是把这一事物看得很轻松；然而一旦拥有了，就再也不会这样认为。比如说爱情，很多人在谈恋爱前都异常洒脱地说爱情不是什么必需品，如果爱情不够理想，自己绝对可以挥刃斩情丝。可是，当真的谈恋爱以后，对爱情的评价就大不一样了，才发现要抛弃那个人就像壮士断腕一样痛苦，需要经历非常艰难的心理挣扎。

这种现象被称为禀赋效应。指人们一旦拥有了某种事物（物品、人际关系、职位、观点等），人们对其的价值判断就会改变，就会认为其更有价值，更为重要。

谈恋爱的现象就可见一斑。人们难免“感情用事”，而禀赋效应就是感情用事的突出表现。当我们和某种事物相处日久，感情萌生，这种感情往往会转嫁到事物本身，使我们在心中不自觉的高估事物。

而更重要的一方面，人们的潜意识里，都有深刻的“损失厌恶”心理。很多时候，人们宁可坚守着目前相对不好的事物，也不愿意抛弃它转而去追寻收益更可观的、前景更明朗的事物。

就像俗话说的，很多人都是“抱着金饭碗在讨饭”。就是说对这些人来说，他们如果愿意改变目前的生活方式，很快很轻易就能获得可观的收益，机遇就围绕在他们身边，但是仍然有许多人不愿意去做。

比如说，某地的土壤适宜某种特定的药材生长，如果种植药材，大概率会发笔小财。但是已经在从事旧产业的人们，往往不愿意转行。他们可能觉得种庄稼虽然收益低，但是胜在收益稳定，只在特定几个季节忙碌劳作，而且旱涝保收，何必折腾呢？反而是没种过庄稼的年轻人更能够理性地判断哪种产业更划算，所做的判断也更合理——这就是所谓的禀赋效应。

当地人也知道在一般情况下种庄稼划不来，在收成不理想时也会抱怨几句，但是因为已经在此地耕耘很久，他们就会不自觉地抬高种地的价值，拒绝做出改变。他们觉得用金饭碗讨饭是很自然的生活方式，无论如何也不肯将金饭碗卖掉。

同样，在人们交易二手商品时，有时会发现卖方出的价格畸高，卖家还振振有词，这种现象就是禀赋现象的体现。但是，由于有作为参照物的新品价格和同类产品价格存在，类似现象出现得越来越少。

更为突出的现象是在公共政策领域。在很多时候，政府会将某些事物出售给居民，一定时间后再向居民购回。比如，边远地区的防风林，城市里的某些公共设施等。在这种政府采购服务中，有时候会出现一种现象，即当居民购买某项产品或服务时，很多人不认可其价值，甚至表示拒绝；而当政府出面回购时，居民们又会认为其非常有用，要求政府提供更高的回购价，甚至拒绝政府回购。这也是禀赋现象的一种体现。

禀赋效应的一种深远影响是，由于过于看重当前已拥有的事物的价值，人们会趋向于保守，进而安于现状，或形成投机心理，而不想着先去做出改变。

一个经典的现象是在股市和房市中，房屋或股票价格越低，交易量也越低——即所谓的追涨杀跌——人们不肯遵循简洁明了的交易行情，而固执地相信自己手中握持的资产有更高的价值，以为总有一天能“回暖”，卖出大价钱。

在日常生活中，这种保守心理也很常见。当一个人在从事某项工作后，他对该工作的评价会更高，他也许时常向朋友吐露工作的难处，但是遇到负面评价时，他的反击会非常激烈。

禀赋效应从某种意义上来说更像是沉没成本的“后效应”。我们得到一件事物，业已为之付出的努力是沉没成本；而得到它之后，它在我们心目中的自发升值是禀赋效应，这两种现象，都会促使我们对自己所拥有的事物更为看重。

不值得定律：
想做好一件事，就要明白它的价值

我的一位朋友大学时学的是市场营销专业，毕业后去某著名公司市场部应聘市场调研类职位。他的能力不错，也很契合该公司的要求，几轮面试下来，大家都以为他被录用是顺理成章的事情。

最后一轮面试时，面试官问他："你对公司的产品感兴趣吗？"我这位朋友意气风发地说："实话说，我并不是特别感兴趣。我主要想做好自己的专业工作。"结果，面试官言辞委婉地淘汰了他。

就像我这位朋友一样，有些刚出校门的年轻人，往往带有一些锐气和傲气，有人在找工作时，衡量的标准只是单纯的薪资和福利，却对工作内容、工作环境和工作氛围并没有审慎地衡量，认为自己能够轻易地适应。

说到底，他们其实并不是发自内心地热爱某项工作，仅仅把工作视作谋生的工具。这些人也许以后依然有璀璨的前途，但是至少在这份工作上，他们不会发展得特别好。

心理学里有一个著名的理论，叫作不值得定律——意思是在很多人心中，不值得做的事情，往往不值得将其做好——说的正是上文的这种现象。

人的行为需要高度的内驱力，我们的行为除了外在的动机，还需要内在的认可、热爱、使命感，等等。很多人会忽视这些因素，并高估自身的意志力和执行力，实际结果可能往往会大不如意。

例如，当你缺乏高度的内驱力的时候，你或许只能做好某些机械化的工作，如擦玻璃、整理会议室、打印文件等——这些工作没什么技术难度，只要肯做，无论谁做都差不多。但是，当面对需要发挥主动性的工作时，你就会发现，内在的倦怠感、潜意识的抗拒、执行的惰性是多么的强大——你的内心完全像不值得定律所描述的一样，因为不认可所要做的事情的价值，所以拒绝倾注心血将之做好。

日本著名企业家稻盛和夫被誉为“经营之神”，他的事业生涯叫人赞叹——他早年创办了京瓷和KDDI两家世界五百强企业，业绩蒸蒸日上。晚年，他又担任濒临破产的日本航空公司CEO，并顺利地使公司扭亏为盈。

稻盛和夫大学毕业时就发表了极为优秀的毕业论文，并进入松风工业上班。那时的松风工业已江河日下，早已不复第二次世界大战前日本明星企业的盛况，家族内讧和工会运动的内忧外患不断，生产效益极差。很多和稻盛和夫一道作为优秀技术人才进入公司的人在松风工业并不能发挥才能，大家都在混日子，甚至谋求转行。

稻盛和夫也认为在松风工业没有发展前途，很难做出成果。他也不想自己年纪轻轻却终日敷衍了事，一度想跳槽。但他的哥哥却扣留了稻盛和夫的户籍资料，并写信给稻盛和夫说：“我不上大学，是为了让你上大学，你已经在京都找到了工作，却整天混日子！在这样没人干活的公司你都做不出点成绩来，你还能干什么？要是这样就辞职的话，你不就是个废物吗？”

一番话骂醒了稻盛和夫，激起了他的责任心，也使他醒悟到——这样的环境正是“英雄用武之地”。于是，他专心从事技术研发，他所在的部门甚至成了松风工业唯一赚钱的部门。

对于稻盛和夫和他在松风工业的同僚来说，其过硬的专业能力是毋庸置疑的，大家在入职之初毫无疑问也心怀雄心壮志。但是，面对公司经营不善的状况，他们的心态都发生了变化，觉得外在环境不好，时运不济，于是就放弃了努力，大家也就都做不出成果了。甚至有的人还会这样自我开脱：“并不是我不努力，而是大环境这样，我自己努力了没有用，这公司不值得我全力以赴。”如此这般，其前途可想而知。

但稻盛和夫显然很幸运，在哥哥的斥责下，他扭转了心态，意识到了自己的责任所在。在意识到机遇难求后，稻盛和夫专心努力，做出了之前没有预想过的成绩。

在工作中，人的心态往往就是如此——如果觉得事情不值得做、没价值、没意义，你就会觉得不值得把它做好；只有从内心深处把它放在崇高的位置，并严格要求自己，你才能取得长足的进步。

穿针心理：
越全神贯注，越不容易穿入针孔

许多人可能都有过穿针引线的经历，要把线穿进针孔，首先要把线头濡湿，避免它分成几股。然后把线头捻细，最后握稳针线，专心致志地将线穿进去。说起来简单，但很多人发现，实际上，要把这种小事做好其实并不容易，你越是战战兢兢、全神贯注，越是经常失手。在心理学上，这种现象被称为“目的颤抖”，也被叫作“穿针心理”。

当我们过于专注目标时，无形中的心理压力会增加，视野会收缩，心灵变得敏感易发作，这毫无疑问会影响到我们正常实力的发挥。

美国射击运动员马修·埃蒙斯就是一名屡屡跌倒在穿针心理下的悲剧性人物。在2004年雅典奥运会上男子步枪三姿决赛上，埃蒙斯在前九枪大幅度领先，最后一枪却鬼使神差一般射在了他人的靶上，尽管这一枪达到了惊人的10.6环，却无法计入成绩。这一次，他与冠军奖牌擦肩而过。

在2008年北京奥运会上，同样戏剧化的一幕再次上演——同样是最后一枪，马修·埃蒙斯虽然没再射在别人的靶子上，但他的最后一枪又一次大失水准，打出了与他平时水平完全不匹配的4.4环，马修·埃蒙斯再次将冠军奖牌拱手让人。

2012年伦敦奥运会上，马修·埃蒙斯几乎复制了他前两次参加奥运会比赛的悲剧，仍然是直到倒数第二轮还保持领先，最后一枪功亏一篑。

马修·埃蒙斯的悲剧让人不得不同情，他的惨痛经历也几乎成了穿针心理的典型案例——一个全力把子弹穿进靶子而不得的倒霉鬼。对于马修·埃蒙斯来说，奥运会的重要性不言而喻，如果说第一次进奥运会只是为了在最高的竞技舞台证明自己（这对于一个运动员来说已然很重要了），那么其后两次就更不止于此，还有非常浓厚的“一雪前耻”和向妻子示爱的感情动力在。马修与妻子卡特琳娜相识于射击赛场，两人在各种大赛上携手并肩同进同出，神仙伴侣般的二人一度是体育场合非常引人注目的存在。卡特琳娜始终对马修进行鼓励，结果没想到最后一枪竟然成了马修萦绕不去的魔咒。北京奥运会马修失利后，他独自走向妻子，伏在妻子肩头无声泪下，卡特琳娜温柔地抱着丈夫，一切尽在不言中。

不单单是运动员在大赛场合会发生这样的失误，生活中类似的事情也非常常见。

我的朋友在某公司上班。某次，她负责筹备一个大型会议。她非常想要把会议筹备好，那一段时间脑子里萦绕的全是会议的事情，恨不得找人把会议预演一遍才好，生怕把某一环节给漏下了。

最后，临近会议开始，她才发现一个非常尴尬的事情——会议上准备的纸少了。原来，举办方原本准备有专门的印有各出席人员信息的会议记录纸，但是，这次会议中间有一项匿名发言环节，需要不少空白纸。由于工作太烦琐，她就忘了准备。如果嘉宾要匿名提交发言的话，就得在会议记录纸上撕下一片，避免出现自己的信息，写完后再提交——这无疑是非常不方便的。

还好，经人提醒，朋友及时发现了这一疏漏，避免了可能给参会嘉宾带来的困扰。

我这位朋友做事一向非常有条理，也具有高度的责任心，她的优秀在公司有目共睹。可能正是因为她太想把会议组织好，精力都被各个环节所占用，才会发生这种平时她绝不允许发生在自己身上的失误。

这就是穿针心理对人造成的影响。对于重要的事，保持专注无疑是必要的，但一定不能把所有思想都挂在这一件事上，整个人被这件事牵着走，那样，失去了意志的自由和对纷繁事务的感知度，很可能就会发生大的失误。

切记，保持专注的同时，也要保有一颗平常心。

篮球运动员在罚球前经常会舒展胳膊，活动肩膀，深呼吸；足球运动员点球时也会活动腰腿——他们其实都是在平复紧张的心理，让自己放下思想包袱，回归平常心。如此一来，他们罚球或点球时成功率才会更高。

对于普通人亦然，如果你要全身心投入某项非常重要的工作，不妨让自己放松一点儿，保持心理弹性，做到张弛有度，才能取得事半功倍的效果。

易感效应：
事先摸底，能让你学得更快

在我们读中小学的时候，老师常常会布置一项自愿完成的作业：预习新课。有的学生会认认真真地完成，有的学生就当作没有这个作业，还有些同学想完成却不知从何处下手。

从上课的效果看，好像这三种人都差不多，于是很多人觉得，预习好像也没什么用。但事实真的如此吗？

预习知识的科学依据，来自教育心理学中的“易感效应”。

易感效应是指由于先前的学习已经改变了学习者的知识结构，当再一次遇到这个学习材料时，他就会更容易觉察材料中所包含的潜在意义。也就是说，如果我们提前一天预习了需要学习的新知识，在正式学习的时候，我们就会更容易上手，而且对知识点的记忆能够保持得更久。

所以，预习对于学习来说是非常重要的。

在预习中，我们能够对要学习的知识有一个整体把握，大致了解整个知识构架的脉络，最重要的是，我们能够挑拣出哪些是我们能够轻松掌握的，或者是根据之前的知识积累已经能够完全掌握的；哪些是我们有困难的，在学习上比较吃力，需要上课的时候额外注意的。这样，在正式上课时，我们就能够针对重点和难点进行有效地学习。也正是因为提前了解了知识构架的脉络，在老师进行相应讲解时，我们能够很好地把握学习节点，做到事半功倍。

所以，会预习的学生，其实是真正会学习的学生。对于他们来说，因为早就做好了准备，所以学习这件事对他们来说非常轻松，因为早就分清了重点，使得他们更能够在课堂学习中做到劳逸结合。

而根据易感效应，复习也是很重要的一环，而且复习工作开展得越早越好。当我们所学习到的知识在头脑中还有一个比较清晰的印象时开展复习是最好的。这个时候，我们能对之前的知识有一些新的理解，也最能达到易感效应中“更容易深究材料中包含的潜在的含义”的效果。

那么，除了学习，易感效应对我们还有什么启示呢？大概就是“做好准备，从容应对；及时总结，事半功倍”这十六个字了。

无论做什么事情，我们都应该提前做好准备，比如第二天要去参观一个博物馆，我们应当先上网查找资料，了解这个博物馆的特点、开放时间、大概的展览分布等。当然，最重要的是，我们要了解这个博物馆的主题，提前对相关的展品和文化有一个初步的了解，不至于对展览内容一无所知。

如果我们能够提前做好准备，第二天就能从容进行参观，有目的地了解我们感兴趣的东西。

这只是一个简单的例子。广泛来说，做任何事情都是如此，事前充足的准备能够让我们快速入手，得心应手地开展下一步工作。

易感效应的另外一个有益的启示就是提示我们及时总结。

“前事不忘，后事之师”，在我们刚刚处理完一个问题的时候，一定要马上总结在处理过程中出现的问题和处理方法的优劣，及时的整理可以帮助我们发现处理过程中不足的地方，或者还有哪些因为疏忽而被忽略掉的点。

一次完全的复盘整理比毫无头绪地处理十个问题更有效果。与此同时，我们也可以在复盘的过程中吸取到更多的经验教训。

麦克莱兰定律：
资质是可以后天培养的

在教育和科研领域，要在早期判断一个人有可能取得什么样的绩效，往往通过此人的智商与学术能力进行评价，但人们逐渐发现，这些因素与一个人所取得的绩效并不直接相关。因此，人们迫切需要一个新的理论去指导发现影响员工绩效的真正原因。

为此，以哈佛大学教授戴维·麦克莱兰（David Mcclelland）为首的研究小组经过大量深入研究后发现，传统的学术能力和知识技能测评并不能准确研判工作绩效的高低和个人生涯的成功。而且，上述测评方法通常对少数民族、妇女和社会较低阶层人士不公平。

同时，他们发现，从根本上影响个人绩效的往往是诸如“成就动机”、“人际理解”、“团队影响力”等一些可称为“后天资质”的东西。

小组以后又进一步将其明确定义为：“能区分在特定的工作岗位和组织环境中绩效水平的个人特征。”这便是麦克莱兰定律来源的基础。

那么，到底该如何去判定一个人有没有“后天资质”呢？针对这一点，麦克莱兰团队创造了“行为事件访谈法”（Bevaivoral Event Interview，简称BEI）。最初，该方法用于为美国政府筛选驻外联络官。在对测试人员进行对比分析后，借助行为事件访谈法分别与他们进行特殊沟通，总结出杰出者和适用者在行为和思维方式上的差异，从而建立了FSIO（驻外联络官）资质模型。

FSIO资质模型有三种核心资质——跨文化的人际敏感性，对他人的积极期望，快速进入当地政治网络。这种筛选方式由于脱离了传统的智商或履历的判断，而从一个人在工作中的表现出发，更贴合个人素质和工作环境本身。

在现代社会，麦克莱兰定律广泛应用在各大企业。虽然模型中判定资质的因素并不相同，但最终都将落实到一点上：外部驱动与员工自身驱动。也即**拥有更高驱动力的人，工作表现也将远远优于他人。**

麦克莱兰认为，**成就的需要是权利的需要、归属的需要。当员工身上拥有一定权利或者拥有一定归属感时，他们会更积极地回应他们的工作。要想使员工工作更加积极，则应该给予其相应的权利，让他们能够发声，能够主动地应对出现的各个问题，而绝不是只做一个被动的执行者。**

想要员工更加主动，OKR（目标与关键成果）管理法则是一个应对的好方法。“O”指object（目标），“KR”指key result（关键成果）。每一个“O”都有一个owner（拥有者），即目标制定者与拥有者。这个owner需要针对这个“O”，去思考一系列手段达成目标。在执行过程中，owner理应拥有这个“O”对应的一系列权利，以便他能够更好地完成目标。

比起KPI（关键绩效指标），OKR（管理法）显然更灵活，也更具有主动性。对于owner而言，他拥有的是对一个项目的掌控权以及相应的自由度，而在绩效评判阶段，结果也更一目了然。除却定量的绩效，OKR也更能够体现出一个员工在实现其目标时的积极性与主动性，也能反映其在工作中的方法论。

在麦克莱兰定律的应用上，大公司们拥有着自己的一套模型，去衡量员工的价值以及判断或预估他的绩效。而对于小公司而言，麦克莱兰定律需要深刻明确的一点是：**将员工主动性及员工能力最大化，即可收获更大效益。**

锚定效应：
别让前置条件影响你的判断

经常关注社交媒体的人往往会有一种错觉，就是在某些时刻，某些事件会井喷式的发生，让人发觉世界突然变得十分陌生。比如某段时间汽车维权成了热门网络话题，一夜之后，发生维权的车辆品牌仿佛比比皆是，任何车辆品牌似乎都不可信赖了。

再比如，某段时间某贫困家庭的照片令人痛心，其乐观生活的态度使人感动，那么类似的照片、类似的生活故事就会漫天都是……

有些网上的观察人士就指出，过于依赖网络，会对现实生活产生认识偏差，并形成认知错位。网络上的许多新闻是真的，但是它们却会使人对真实世界产生错误的理解。

类似情形的发生，就有“锚定效应”的影子。

锚定效应是指当人们在评估某种事物时，会将某些特定数值或情形作为参照物，而这种参照物将直接影响人们的估测。通俗来说，人们对某个事物有了印象深切的某种见识后，哪怕这种见识很片面，它也将影响我们对事物整体的认知。就像船只停泊时，锚所抛掷的位置，很大程度上决定了船只的停靠位置，这也是锚定效应之所以得名的原因。

回到开头所举的例子中，我们对某一个事件发生频率的感知，固然受媒体跟风报道的影响，这是前提。为了获得关注率，媒体集中报道经验证明确实会火的题材，这无可厚非。但我们对现实认知的偏差，便起始于此。假如在社交媒体上发现某一类事件出现的概率是30%，我们在判断现实中此类事件发生的频率时，根据锚定效应，就会受到“30%”这个数字的影响，就会将判断值贴近这个数字。此刻，“30%”就是我们认知的锚。而事实上，事件发生的真实概率可能只有3%，甚至1%。

这也是社交媒体能够影响我们判断的原因。我们在衡量社交媒体上的热点时，往往只关注真假；但即使在社交媒体上获得的信息都是真实的，你也很可能因为错估事件发生的频率，而形成错误认知。这是比较复杂的锚定效应。而其“扁平快”的案例在商业中往往有很多。

其中，尤为典型的例子是星巴克咖啡馆中售卖的价格昂贵的依云矿泉水。许多顾客在看到星巴克里一瓶依云矿泉水卖20元时，都会腹诽这个定价简直堪称“丧心病狂”；明明加几块钱就能买杯咖啡，我为何要在你这里买矿泉水呢？顾客就会比较痛快地下单买咖啡。

殊不知这正是依云矿泉水的作用所在，星巴克咖啡馆的经营者的“醉翁之意”并不在“水”——正因为他们并不是专卖矿泉水的，将矿泉水的价格设定得比较高，正是让它充当锚定效应中的“锚”——让顾客对星巴克的整体价格有一个较高的预期，从而衬托出咖啡价格的便宜。

还有一种情形发生在捆绑销售中，比如剃须刀头和一体的剃须刀，有的商家会将剃须刀头的价格设定得很高，接近于一体的剃须刀。那么，根据锚定效应，当顾客看到昂贵的剃须刀头时，会觉得昂贵，这时就会偏向于购买一体式剃须刀。于是正中商家的下怀。

锚定现象是认知偏差的一种，它解释了很多情形下为什么人们会做出错误的估测。锚定效应也给我们警示，我们在评测事物时，不能过分依赖“对标价格”——多方了解，互相印证，理性分析，才是正确获取信息的方式。

霍布森选择效应：
戴着镣铐跳舞，打开镣铐就能跳霹雳舞

如今，越来越多的企业在征集独特创意和构思的时候会采用头脑风暴的形式：与会者齐聚一堂，不设限，也不使用导向性很强的规则，众人依次对讨论的主题发表观点和想法，待所有人都提出想法后，再对各人的发言进行评点。

头脑风暴这种创意形式能够解放众人被局限的思维，产出很多超出预想的好观点，再加上其开放且有活力的讨论氛围，深受许多人喜爱。

头脑风暴激发出的人们旺盛的思维活力，其实和一种效应密切相关，它可以说是对这种效应的成功逆用，那就是“霍布森选择效应”。

霍布森是17世纪英国的一名贩马商人，他曾立下规矩：在他的马圈里，不论马匹高矮肥瘦，你都可以便宜地买到，但必须把马儿迁出马圈——马圈的门被霍布森设计得很小，只有劣等的瘦马才能走出去。

在心理学领域，最初被定义的“霍布森选择”是指限制重重的选择，而霍布森选择效应则是其内涵的进一步延伸，指的是：充满限制的选择必然无法激发创造力，并且很难达到最优结果。

你会发现，在企业里经常能看到霍布森选择效应，很多时候，领导既要求员工发挥创造力，又不肯完全放权，而且日常流程中也存在很多条条

框框，他们美其名曰“戴着镣铐跳舞”，很多时候员工难以超脱这些约束，于是也就很难产生真正有创意的内容。

就像有些设计师吐槽说，甲方明面上要求好看、符合品牌调性就行，但是在真正实施中，他们却会提出许多苛刻的规矩，比如要稳重大方，要新潮尖锐，要严肃精致，要灵活自由……极端一点儿的，甚至闹出了“要五颜六色的黑”这种近乎搞笑的要求。

实际上，这些人并没有真正的放权，他们骨子里不信任设计师的审美，名义上要开放包容、贴合潮流，实际上留给设计师的余地很小。既要方方面面都符合要求，又要设计出好作品，可谓难上加难——这就是霍布森选择效应的变相体现。

这一现象有时也体现在选才任贤上。有人名义上说唯才是举，优秀是选人用人最根本的标杆，但是在真正实施上却缺乏魄力和眼光，还是使用沿用了许多年的用人标准，非常机械地对人才“卡脖子”，最后通过层层挑选，被留用的“人才”究竟是不是人才，就很值得深思了。

这种人在内心深处对不拘一格提拔上来的人才是不放心的，生怕这些人过于离经叛道，因此将希望寄托在了老套的、确有效果的老规矩上。这样招募的人也许能力欠缺，至少相对忠诚老实，胜在稳妥——这也是霍布森选择效应的变相应用。

霍布森选择效应具有非常宽泛的内涵，如果我们逆向理解，就可以得到一种新的解读：如果对人们的想法加以引导，给予特定的选择，就会使人们不再天马行空，而是沿着我们预先设计的道路行进。

这种心理甚至被应用在著名连锁超市沃尔玛里。在沃尔玛超市，有专人研究过门店摆放商品的门道——那些看起来琳琅满目的商品，绝不是随随便便就那样摆放的——很少有人知道，那些相对便宜实惠的商品往往会摆在柜子下方。

还有一个经典案例是：啤酒和纸尿布总是摆在一起。因为沃尔玛的研究人员发现，在美国，购买纸尿布的往往是二十多岁、贪图省事的年轻爸爸，而他们很喜欢在下班后购买啤酒解忧——简言之，啤酒和纸尿布的购买人群高度重叠。

这些研究对沃尔玛提高销量做出了巨大贡献。其实，这就是经营者逆向使用的霍布森选择效应，悄无声息间提供给你特定的选择，让你的行为不再无序，而是转向在超市里大肆“买买买”。顾客的心理就这样不知不觉地被操控了。

霍布森选择效应告诉我们，充满限制的选择不利于激发创造力，也很难达到最佳效果；但是逆用它，则可以温和地、无声无息地引导人们的思想和购买行为。

达克效应：越差劲的人自我感觉越好

2000年，“搞笑诺贝尔奖心理学奖”颁给了美国康奈尔大学的戴维·邓宁和贾斯汀·克鲁格。他们在一篇报告中提及了一种有趣的心理学现象——对事物认识不足、能力欠缺的人往往更具有自信，他们会高估自己的能力，矮化其他同行，觉得某项技能“手到擒来”，并且难以发现自己的不足。

这种现象因而被称为“邓宁–克鲁格效应”，简称“达克效应”。

搞笑诺贝尔奖虽然以搞笑为名，但是它所评选的研究结果往往是立得住的，搞笑诺贝尔奖只是鼓励人们用正统的研究手法去研究那些不那么“正经”的内容，达克效应亦然，这个看上去戏谑的结论其实是相当有理论依据的。

两位研究人员通过在不同领域测试“低水平者”对自身能力的判断、对其他从业者能力的判断、对行业难易程度的判断，以及促使他们进步后的二次判断，确认了这一现象。

2016年以来，知识付费成为新的潮流，很多人也意识到，互联网可以作为学习的重要载体。而在流行的知识付费内容中，学编程的人尤其多。大家都认可学习编程是对思维逻辑性的锻炼，会在诸多方面对个人提升有所裨益，甚至可能会是工作进阶的利器。

但是，仅仅通过看视频学会编程并成为程序员的人多吗？并不那么多。即便是半路转行的程序员，许多也是在培训机构锻炼出来的（或是在相关工作环境中打磨出来的）。

这是为什么呢？其实，这里面就有达克效应的影响。理清基本的编程逻辑并不困难，资深的程序员甚至可以在40分钟内说清楚一种编程思想。很多人看着讲解，也能很容易地把练习用的编程过程顺下来。在这时，他们往往觉得自己“可以了”，会产生有一种居高临下的畅快感，以为自己可以在“程序世界”里大展拳脚了。

但如果你真的让其做一些基本项目，这些人往往很快败下阵来，他们要么理不清盘根错节的相互关系（在讲解时的例子都是简单清晰的），要么被琐碎的细节绊住（为什么频频报错？我的大思路没错啊？）于是，很多人开始陷入暴躁和焦虑状态，编程生涯也很快告以结束。

俗话所说的“一瓶水不响，半瓶水晃荡”，正是同样的意思。水平不那么高的人往往不能正确地估计自己的能力和形势，以为自己与顶尖高手差不多，乐于炫耀自己的能耐，甚至于喜欢随意“指点江山”。

在华为曾发生过一件非常知名的事情，某人从知名大学研究生毕业后在华为从事研发工作，在仅仅入职两个月后，此人就向华为总裁任正非写了一封万言书，慷慨陈词，历数他眼中华为内部管理存在的弊病。结果，华为创始人任正非看后大为光火，批复道：“此人如果有精神病，建议送医院治疗；如果没病，建议辞退。”

显然，任正非的回复很不客气，乍一听使人难以接受。但是，实事求是地看，我们可以在这名毕业生身上看到达克效应的影子——也许从专业知识上看，这位毕业生十分优秀，毕竟，出身中国顶级名校的人凤毛麟角。但是，一个人在学校里学到的知识和在企业中所施展的技能是有一定错位的，两个月的时间，足够你成为企业专业技术上的佼佼者吗？

另一方面，企业的管理也是一门复杂的学问，涉及全方位地调动员工的工作积极性，涉及企业文化和生产流程。在入职两个月后，一个人能够完全地掌握这一套工作的底层逻辑吗？能对企业做出合理的优化调整而非盲目的大削大砍吗？

这必然是不太容易做到的。这位毕业生一定有其过人之处，可能他仅仅用了别人一半的时间就能对工作轻车熟路，这是他的知识储备和掌握上的优势。但是，没有在工作上做出卓越的成就，没有对企业整体构架和各个部门有全面、可观的分析观察，没有获得领导和同事的肯定，却贸然大谈特谈企业弊病，这难道不是达克效应在作祟吗？

在工作中，我们一定要避免受到达克效应的侵蚀，理性看待自身能力、他人能力和工作难度，一定要有勤恳踏实、知行合一的工作态度，千万不可妄自尊大，以为单靠书本知识就能促成一家企业的发展和壮大。

第五章

空白效应：

凡事留一线，日后好相见

空白效应：
凡事留一线，日后好相见

若说最广为人知的心理学效应，那么“逆反心理”很可能名列前茅。似乎世上大多数人都会有这样的心理：在同一件事情上，若是自己愿意去做，就会非常上心；而如果是别人要求自己去做，则会变得百般不愿。

逆反心理成因复杂，而它也有另一相辅相成的心理学效应，那就是“空白效应”。如果说逆反心理是“让干什么非不干，不让做什么偏要做”，那么空白效应则有些像是利用了这一点，借助暂时的“空白”，让观者自己领悟到他人想要让其领悟的事物。由于这领悟是由目标自己做出的，因此也能给人留下更深刻、更为深信不疑的印象。

空白效应的应用大致分为“此时无声胜有声”的审美，和让人自主进行思考的引导，而这两者也是出于同样的原理。空白效应得名于中国画派中有名的“留白”技法。中国传统绘画讲究“写意”，并不完全用颜料填满整张画面，时常会留出大片空白供观者遐想，塑造出超出画纸之外的意境。

这样的技法也普遍应用在各种艺术的表达上，如电影中的空镜头，小说描写中故意留出的未尽之意，广告或摄影作品中以构图或其他手法塑造的空白，乃至演讲过程中故意设置的停顿等。

这些空白虽然看似没有承载信息，但因为其背后实际上的精心设计，反因“没有信息”而能让观众或读者下意识主动进行思考，投入到这些作品之中，想到更多更广阔的信息，从而印象更加深刻。

而在平时的聊天、探讨、相处乃至教授知识上，也同样可以利用到空白效应。空白效应所起到的作用不仅仅是引导，更能为双方的相处留下余地，这样的作用决定了它不光总是出现在设计和艺术的层面，而更广泛地存在于在我们的日常生活和人际相处之中。

比如，在现实中关系再亲密的人，也最好能让彼此留出一些独处的空间，而非没日没夜地黏在一起、没有一丝私人空间。所谓“距离产生美”，许多曾经关系亲密的朋友、亲人、爱人，正是因为苦于私人空间被侵占而彼此怨怼。

如今的偶像与粉丝之间的关系，更是深刻地体现了这一准则——看似高不可攀的偶像始终都还是人，并非不食人间烟火的神仙，距离感在他们身上显得尤为重要，如若没有了与大众的距离感，那么曾经营造的幻想一旦破灭，昔日偶像被拉下神坛是迟早的事情。

空白效应在学习中也同样大有用处。比如，老师在课堂上专程留下的供学生思考的空隙时间，或者在指点学生时引导学生自己推导出最后的结论……种种用法无非都是激发学生的深入思考和求知热情。

在为人处世上有一句俗话——“凡事留一线，日后好相见”——也是出于同样的心理，不管你对对方有多么不满，都不要过于激烈地把这种不满表达出来，即使有什么误会，也可以给日后的解释留下一些余地，这也是空白效应的现实应用。

归根结底，空白效应并非如何高深的心理学知识。与其说空白效应是一门控制他人的技巧，不如说这是一项让人思考如何为对方着想的学问。想要熟练地掌握它，自然需要技巧和设计，但若是将其应用在日常生活中，那么最重要的一点，可能还是彼此之间多一点儿同理心。

费斯汀格法则：
生活的90%由你对事件的反应决定

“人生之不如意十八九，可与人言无一二”，已经成了我们安慰自己和他人时最常用的话语。从古到今，无数诸如“人倒霉的时候喝凉水都塞牙”的箴言也都仿佛在强调这一点，而针对于此的劝告也无非只是让人放宽心态，别气着自己。

但是，细究下去，世事果真总是“祸不单行”吗？还是说有些倒霉事我们是可以主动避免的呢？

美国心理学家费斯汀格曾提出一个理论：生活的10%由发生在你身上的事情组成，而另外的90%则由你对所发生事情如何反应决定。

为了解释这一理论，他讲了一个故事：一家人在早上因一件事而吵了起来，最后因为每个人肚子里都有火，导致父母的工作出现了问题，而孩子也因在比赛中发挥不好而被淘汰。

费斯汀格认为，实际上，我们所不能控制的事件实际上仅仅占我们生活的10%，而另外的90%质量如何，则取决于我们如何看待、如何处理这些发生的事件。如果我们在坏事已然发生后保持平常的心态，不因此导致水准失常，生活中其实也不会有那么多的不如意。

比如，在上面的例子中，如果一家人心平气和，尽量避免冲突升级，自然也就不会有这么多发挥失常的事情发生，最后让一家人一整天都变得糟糕透顶。

这个法则听起来似乎有点“玄学”，但若是仔细一想却不无道理，这样的例子也在生活中随处可见。比如，若是开车时遇到不合自己心意的路况，或是其他车主有违驾车规范，有些司机选择“忍一时风平浪静”，有些比较暴脾气的司机却会直接开骂（路怒族）。假若对方也同样脾气暴躁，一来二去，争吵则有可能升级。待到大家都冷静下来时，可能更严重的后果已经发生，自己原本要做的事情也被耽搁了。

这么一类比，我们便会发现“费斯汀格法则”实际上在我们生活中处处可见。有人说，人极度愤怒的一刹那智商为零，虽然没有确切的案例统计，但无疑也是情绪危害的佐证。

就如同本文开头所说，既然世人大多赞同“不如意者常八九”，那么，当面对这些不如意时，人们又为什么会有不同的应对和选择呢？

面对同一件事情，不同的人会选择不同的处理方式，而这不同的方式逐渐累加，才渐渐成就了这世上一个个与众不同的个体。

的确，有人无法好好管理情绪，造成了自己不愿意承受的后果，这种因“一时冲动”而酿成大祸的事情并不少见——小到生活中的吵吵嚷嚷和各种矛盾，大到足以上电视新闻的极端社会事件——其中许多事例的起因可能都是些小事，却因个人的理性丧失而造成让人后悔莫及的后果。

但实际上，世上更多的是无关对错的不同选择而已。归根结底，费斯汀格法则的确在劝诫我们不要让已经发生的事情冲昏了头脑、妨碍自己正常的判断，让我们控制情绪，而非被情绪所控制。但从另一方面来说，正是这90％的个人反应，才造就了我们这个丰富多彩的世界。

库里肖夫效应：
有图就会有真相吗？

喜欢看电影的读者一定对“蒙太奇”这种电影表现手法不陌生。

所谓蒙太奇（法语Montage的中文音译），是指将一系列的镜头组合在一起，以此塑造出某种氛围或某种印象。

有些人或许会对蒙太奇里一些镜头里的演员的表演惊为天人，认为其表现出了故事所需的韵味。但如果有人告诉你，演员的演技并不见得有多好，这些效果都只是出于导演那高超的剪辑手法呢？

蒙太奇的使用，一般是将许多个在不同时间、不同地点中拍摄的镜头剪辑到一起，最终将这些镜头“拼”成一部完整的电影，而非像以前那样一直连贯地拍下来。而这种拼接镜头的手法之所以能成功，其中蕴含的心理学效应正是苏联导演库里肖夫所提出的“库里肖夫效应”。

库里肖夫为研究蒙太奇手法，给一位演员拍摄了一个没有表情的特写镜头，并将这个镜头分别和一盆汤、一口安放死者的棺材、一个小女孩的镜头剪辑到一起，再请人分别观看。结果是这些观众分别将这个特写和另一镜头联系到了一起，并连连称赞演员的演技高超——而只有库里肖夫才知道——这个特写镜头在三个剪辑里都是一模一样的。

这个效应证明了人类联想力的强大——即使是同样的素材，通过不同的排列组合，也很有可能创造出截然不同的作品来。

库里肖夫效应表现得最为明显的是艺术行业。例如，平面设计中的商标、概念图、宣传画面、室内外设计的装潢风格和布置风格等，无疑都是在库里肖夫效应的基础上运用元素的排列与组合来体现主题。

另一方面，诗歌中对于意象的连接和组合、广告中的文案、近现代艺术中的一些表达，也概莫能外。

至于其表现力和外在审美是否被观众接受，就要看设计师和作者的功力，以及观众是否足够“敏感”了。

虽然库里肖夫效应的提出最早是由于艺术中的研究，并被写入了电影史的史册，但任何心理学方面的知识都可以应用到我们的生活中，因为无论这种效应是为何提出的，也终归是利用了人的心理。

库里肖夫效应证明了，对同样素材的不同组合将能达到不同的效果。也就是说，我们眼中的所谓“真相”，通过不同的排列组合，也可能与现实发生巨大的偏差。

我们常说“耳听为虚，眼见为实”，但即便是我们亲眼所见，在不知前因后果的情况下，经由他人的引导，也有可能产生与现实偏离的猜测。而且，在如今的种种高超技术手段下，别说是可以被修改涂抹的图片，即便是视频和音频，也完全可以通过电影一般的剪辑和拼接达到以假乱真的效果。

库里肖夫效应推动了电影的发展，却也同时给人们敲响了警钟——倘若不够理智、容易轻信，你深信的一些“现实”，可能也是被人精心剪辑、加工过的。

刺猬法则：
越是亲密，越要保持适当距离

如何处理亲密关系中的距离问题，困扰着现代社会中的绝大多数人。

在一段婚恋关系中，感情浓厚时，双方只想着越近越好，越亲密越好。但是，过于亲密，缺少了彼此独立的空间，往往又会使得这段感情出现新的问题。而感情变淡时，人们会无意识地越离越远，最后各奔东西，随后又会后悔。

生活中的我们不断在试错中去发现彼此间合适的距离，如同生物学家用来做研究的刺猬一般。

为了研究在寒冷的冬天里刺猬的生活习性是怎样的，生物学家们把十几只刺猬放到了户外的空地上。北风呼呼地刮着，可怜的刺猬们被冻得瑟瑟发抖，为了取暖，它们不得不挤在一起，可是聚成一团之后，问题出现了——它们平时用来防卫天敌的硬刺，此时成了伤害同伴的利器。疼痛使它们不得不把距离分得更开。但是，当它们分开之后，寒冷再度肆虐起来，它们又不得不聚拢在一起取暖。

如此反反复复地在寒冷和疼痛之中比较、取舍，刺猬们终于找到了一个合适的距离，既可以让它们从彼此的身上获取温暖，又保证自己不被别的刺猬身上的刺刺伤。

这个研究结果后来被命名为“刺猬法则”，强调的是人际交往中的“心理距离效应”说明人和人之间的亲密关系只有保持一个不远不近的距离才最合适。

我们生活在这个社会中，难免会像刺猬一样长出“一身硬刺”——刺猬是为了抵抗天敌，我们则可能是为了生计——为了保护自己，也可能是受过伤害之后形成的“心理保护膜”。刺猬的刺长在身上，我们的“刺”则长在心里。一旦面临外界刺激时，这些“刺”下意识竖起来，难免会误伤对我们好的人。

一段亲密关系往往是从互相试探开始的。我们需要一个过程来逐渐认识对方，了解对方的点点滴滴。这个过程是充满趣味的，仿佛走上新大陆，处处都是从未见过的风景。接着，距离被拉得越来越近，我们看到美丽风景的同时，也看到了掩藏在底下的“脏污”。

但是，如果没有这样的亲密关系，我们在这个世界上就会像无根的飘萍，不知自己从何处来，也不知自己将往何处去。

所以，控制好距离才是最聪明的做法。

无论是最亲密的挚友、最相爱的伴侣，还是最无私的亲情，都不能理所当然地把对方视为自己的所有物。无论多么亲密，都不必互相捆绑，既不要把别人困在身边，也不要受人所困。

在这样的关系中，最重要的是互相尊重，保持适度的距离。比如，父母和子女之间，不必操控对方的人生，多给对方选择的自由，不用爱来互相要挟。

朋友之间，不干涉对方的交友和其他事务，在一起时是最好的朋友，不在一起时都是自由的个体。

而伴侣之间的距离控制则更为重要，互相之间应该能给对方安全感，同时也付出足够的信任。保持适度的独立空间，无论相隔多远，两颗心都会紧紧地靠在一起。

踢猫效应：
厉害的人，从来也不会输给情绪

“踢猫效应”，顾名思义是由踢猫引起的一系列连锁反应——当人类愤怒失控时，将自己的不满通过踢猫进行情绪的发泄，这种发泄行为容易传染，造成恶性循环，通常多为强势者对弱势者的情绪发泄。

遭遇批评或者逆境的时候，我们首先要排解自己的情绪。作为一个思想、人格成熟的人，应当学会控制自己的情绪——情绪管理在现代生活中，尤其是职场上，无疑是非常重要的一项技能。

举例来说，当职场上遭遇困难或上级批评的时候，有人选择吸取经验，反思工作发生过程中的缺陷与漏洞，总结成工作规律与经验，并避免下次再犯。但是，也有很多人在面临相同情境时，却并不具备同样的情绪管控能力。他们通常会利用身边的事物进行发泄，或者言语过激、情绪激动，甚至于破口大骂。其中最严重的便是向弱者发泄，将这种不满转嫁到他人身上，以此排解和宣泄自己的负面情绪。

你或许会遇到这样的情况，在热闹的餐厅里，一位西装革履的男士态度谦卑地接着电话，不停地点头，电话挂完后，便脸色一沉，随即叫来服务员找碴。不是嫌茶水烫了，便是嫌盘子脏了，总之，总有一个地方能让他不满。这种找碴，便是一种情绪宣泄——将来自上位者对自己的批评引发的消极情绪转嫁到更弱势的群体身上，这便形成了一次踢猫效应。

这类情绪在人群中传递非常之快。如果一个办公室里，人人都用这样的方式去抵消自己的负面情绪，那么，整体的工作氛围便会跌到谷底。而作为一个社会人，无法管控好自己的情绪，会影响到上级、同事以及身边人对你的评价。通常，我们将这种情绪管理失控称之为“情商低”。

情商低不仅仅是指待人接物不够圆滑，更多是指管理情绪与情感的“商”——与智商相对应。

一般而言，情商高的人理应拥有更高的管理情绪的技巧。即便他也同样处于愤怒之中，但他会用更好的方式去处理和解决问题，而绝非无所顾忌地向弱者发泄。

踢猫效应是典型的发泄行为，有这种行为的人会为一时的“爽快”而牺牲他人的利益。殊不知，这种举动不仅不能解决问题，更可能带来新的问题，譬如冲突的升级或者自我形象的破坏。

解决问题的关键从来不在于情绪的发泄，而在情绪的管控。情绪纾解的第一要素，便是要强迫自己冷静下来，深呼吸或者将拳头握紧放松反复几次，通过自我肢体语言的放松带动情绪恢复平静。随后便可以清醒地应对发生的事情，最大化地将损失降到最低。

在生活当中，想要塑造一个阳光、正面的形象，第一要点便是不要传递负能量。如果因为遭受委屈而不满，或感觉满腔愤怒无法释放，不如找一个安静的房间听一些节奏感强的音乐，或者去健身房大汗淋漓地锻炼一场，通过肢体动作释放自己的情绪，避免踢猫效应的产生。

武器效应：
别让坏环境毁了你

那些对他人的侵犯到底是由什么导致的?

关于这个问题，著名社会心理学家伯克威茨曾设计过一个实验——他创造了一个挫折情境，并用这种挫折情境来激怒实验对象。

蒙在鼓里的实验对象自然很快被激怒，伯克威茨提供给了他们一个发泄怒火的机会。他允许实验对象对那些惹怒自己的实验助手进行电击，电击过程处于两种不同的情景之下，第一种情境中，实验对象面前放着一把手枪；第二种情境中，实验对象面前方的则是羽毛球拍。

结果，面前放手枪的实验对象明显要更加具有侵略性，他们实施了更大强度的电击。这个实验证明，侵犯并不单单源于挫折，“武器”所创造的情境也能够大大增强侵犯强度。基于此，伯克威茨提出了“武器效应”理论，并进一步发展出了著名的“侵犯理论”。

但有的时候，“武器”可能不会过于具象，它很有可能只是不经意间的一句话。这种情况往往出现在伴侣或亲人朋友之间的交流之中——我们可能会在不经意之间说出一些伤害对方的话，而这些话语恰恰就是另一种“暴力武器”。

情境，有时候也可以充当“武器”——不过相比真实存在的武器来说，它是一种“软武器”。我们每个人都生活在情境之中，而这也就意味着武器效应会如影随形地伴随着我们，在潜移默化中影响我们。只是大多数时候，沉湎在情境之中的人，无法意识到自己已经被其所诱导。“不识庐山真面目，只缘身在此山中”，情境就是我们生活之中的“庐山”，因为我们身处其中，所以看不清全貌，甚至意识不到它，可情境施加的影响已经悄然间发生了。

情境就好像是水一样，看似柔弱不起眼，其实滴水穿石。比如，很多家长都想让自己的孩子进入成绩更好的学校或班级，其实就是相信情境对人会产生潜移默化的影响。

生活中，武器效应也随处可见，只是它可能并不总是表现为暴力侵犯，还有可能只是对我们的行为产生了负面影响。比如，在工作或学习的时候，你突然看到手机，就会不自然地受到其影响，很想拿起手机刷刷微博，逛逛朋友圈，手头的事情就因此被耽误了。

在这个小小的例子中，并没有发生侵犯的行为，但我们的行为的确受到了影响，工作进度被耽误，工作效率被降低。其实，这也是武器效应的表现之一——人更容易受到这种看似不起眼的“武器”的暗示，被其所诱导，导致工作和生活偏离了既有的轨道。

作为群居动物的人，势必要受到情境的影响。于是，我们身边就充斥着大大小小的“武器”，它们无时无刻不在影响我们的行为习惯，长久下去，甚至会改变我们的性格和命运。而我们要做的，就是尽量挑选好的“武器”，这样才能受到正面的心理激励。

心理账户效应：
情感也是一种储值和投资

在电影《肖申克的救赎》中，有这样的经典一幕：监狱队长拜伦·海利得到了一笔意外之财——他早年外出淘金意外发现了油田的兄长去世了，留给他一笔不菲的财富，囚犯安迪在听到拜伦·海利要缴税的苦恼后站出来说愿意替海利避税，条件是海利请他和其他用沥青糊屋顶的囚犯一人喝一杯冰啤酒。

海利在惊诧过后同意了安迪的条件——这个一毛不拔的人从来没这样好心过。

其实，和电影中的情节类似，许多人在得到意外之财后——比如中奖——也愿意请客，哪怕平日里他吝啬得不得了。要解释这种现象，我们就要介绍一种有趣的效应——“心理账户效应”。

心理账户效应是指除了账本、收支这种真实的账户外，在人类内心还会有一种潜藏的“账户”——人们在心中将客观的收入支出根据来源、用途等分门别类，在进行财产支配时往往会受这种心理分类所影响。

对于辛勤劳动得来的财富，人们往往珍重有加，哪怕实际额度并不大。例如，有的家长对孩子说：“你怎么能这么浪费作业本呢？爸爸辛辛苦苦才挣来的钱，你要懂得珍惜。”这种家长可能挣钱很辛苦，虽然他可能收入很高，却极为反感铺张浪费——哪怕是在孩子看来微不足道的浪费。

而对意外之财，人们往往会更随意地处置。例如，有些人中了几万块钱的彩票，甚至愿意花费几千请亲戚朋友吃饭庆祝。这就是心理账户效应的具体体现：在心理账户中，辛勤劳动得来的钱和意外之财是分处于不同的账户中的，人们对各自的支配宽松度也由此大不一样。

心理账户效应常常体现在以下几种情形中。一是不同来源的钱财，人们的消费意愿不同。上述例子即体现了这一点。

第二种情形是不同账户的钱财，人们在消费时不会轻易混淆。比较典型的例子是：假如一个人在去音乐会的途中丢了票，他很可能不会再重新买票，因为买音乐会票的开支在心理账户里属于娱乐支出，人们往往不允许娱乐支出超支；而如果他没有提前买票，在买票前他收到了等价的违规停车罚单，那么这时他还是会选择买音乐会门票。

在心理账户中，罚单钱和音乐会票钱属于泾渭分明的两类支出，相互之间并不影响。而丢票和罚单是等价支出，但对人们消费决策的影响却大不相同。

第三种情形是不同数量的钱财给人的感觉也不同。“朝三暮四”的成语故事就是这一现象的生动体现。而在现实中，与之近似的情形也不鲜见。比如，在健身之前提前在健身房办会员卡，会比每次健身时都付钱更让人愉快——每次付钱会使人觉得自己在持续性地支出——纵使折算成单次消费额，这两种消费方式并没有多大差别。

相形之下，在收到钱时，持续收钱使人更愉快。例如，每月给父母一笔钱，比起逢年过节时将全年的总额一次给出，会让父母觉得更温馨，也更有亲情。

再举一个生活中的例子：某款游戏比较昂贵，朋友甲不舍得买，但是当朋友乙以生日礼物的名义将游戏赠予他时，甲反而格外的开心。如果在人情往来中，朋友乙送给他几百元钱，那么甲未必愿意去买游戏。而当乙买了游戏送给他时，在甲的心中，游戏是不占用自身开支的。

心理账户给我们的启示，在于提醒我们在消费时要更加理性。许多人在消费时有一种盲目狂热，比如，感觉养生保健类消费是有利于自己的，就不加节制地在这方面持续支出；而购买虚拟电子产品或音视频课程，无法给自己带来立竿见影的收获，就只下载免费产品。

在个人消费支出上，应当审慎衡量，理性判定某项消费的合理性，该豪爽时不妨豪爽，该克制时不妨克制。

第六章

贝勃定律：

做 99 次好人，
还不如只做一次？

贝勃定律：
做99次好人，还不如只做一次？

经常浏览导购软件的朋友可能会发现，在某些导购软件的购买反馈上，有一种非常耐人寻味的现象。

例如，某款数码产品第一次降价时降了大概10%，这时，购买者往往会疯狂“点赞”，觉得是难得的机遇，有人会自发宣传该产品如何值得买。但是，如果商家第二次降价，降价幅度比前一次稍弱，那么买家的评论“画风”就会急转直下，指斥厂家促销没有诚意，打着降价旗号敷衍顾客，产品本身硬伤太多，等等。

这种评论两极分化的现象就导致在导购软件上，厂家要么保持原价不变动，要么持续性地降价，导致越降价越被鄙夷，越被鄙夷口碑越差，销量越低，越不得不降价，最终形成了恶性循环。

这种现象在心理学上被称为“贝勃定律”，指人们在经历过强烈的刺激后，再被施予同类刺激时反应就显得很微弱——前一次的强刺激会大大提升人们感受的阈值。

对于商品来说，第一次减价时人们都觉得优惠力度很大，等到第二次、第三次再减价，由于越来越接近成本价格，因而降价空间越来越小，逻辑上必然是优惠力度递减的。此时，客户的感觉就是商家态度敷衍，或打着降价的名头忽悠消费者。

那么，该如何基于贝勃定律破解这种情况呢？有的商家先对产品进行涨价，这样其后的降价力度就会显得非常突出。

类似行为在商业销售中非常常见。一个极其典型的案例就是手机销售的预约抢购。

根据贝勃定律，假如一开始就开放购买，首批大量用户可以轻松地买到手机。而由于后续产能的限制，商家只能提供比第一次稍多一些的开放购买数量，那么顾客就不会觉得商家的供货很有诚意。因为在顾客心中，首批提供的是从0到n的巨大数目提升，而第二批提供的是从n到n+1的缓慢爬坡，显然，这带给顾客的感受非常不好。

顾客在第一次的巨大刺激下，会觉得第二批供货提供的刺激不足，这种销售策略不能显著地激发顾客的购买欲望。而如果进行预约抢购，给客户的第一印象是产品极度稀缺，后面的批次虽然仍然是限量，但是在第一次刺激的缓解下，客户会觉得产品稀缺状态显著地改善了。

贝勃定律的应用场景非常广泛。例如，一个人平时树立了克己奉公的形象，就成了人人交口称赞的“好人”，好人再做好事，人们就会觉得是理所应当的，此人做的好事再多，旁人也并不会特别受触动。而某人平素为非作歹，他偶一为之的善事反而会让人感叹其“浪子回头”。

在职场上，类似情况也非常普遍。一个入职后始终表现优异的员工如果懈怠了，就会招致很多批评；而一个平常表现得吊儿郎当的员工如果突然循规蹈矩起来，哪怕无功无过，也会使人觉得是重大的进步。

有人会觉得，这也太不讲理了吧？如此一来，这对那些好人、正直的人、勤勤恳恳的人而言太不公平了。然而，贝勃定律主要是描述人的“感受”的一种现象。它提示我们：作为一个理智的人，应该拨开障眼的“云雾”，客观地、实事求是地衡量事物对我们的影响，而不应该以感性来衡量一切。

巴纳姆效应：
利用脑补，不动声色地赞美别人

很多人都相信星座学说，比如，双鱼座的人比较浪漫主义，处女座的人比较爱吹毛求疵，白羊座的人性格比较温和，等等。

把全球几十亿人的性格用十几种星座区分开，从逻辑上看就不怎么可行，所以，有些星座研究者又开发出上升星座、下行星座之类的补充学说，以让这些理论看起来更严谨。然而，具备基本的物理学知识的人都知道，那些遥远的恒星对我们这些堪称微不足道的人类来说毫无影响。更何况，星座的来源很大程度也是古人的目测，为什么很多人相信星座对自己的性格与运势有影响呢？

假如我们把一篇随意挑选的基于星座学说所做的人格分析拿给一个人，告诉他这是为他量身定制的分析报告，你觉得对方会不会相信呢？

在心理学上，这种情形被称为“巴纳姆效应”，指人们容易相信笼统化的、一般性的性格描述，并潜意识地对号入座，以为这些描述指的正是自己。这个心理学效应源于美国著名马戏艺人菲尼亚斯·泰勒·巴纳姆说过的一句话——好的马戏团应该能够让任何人都看到其心仪的内容。

你会发现，这种不自觉地对信息“各取所需”的行为，发生在许多人身上。

心理学家米歇尔·高奎林曾经做过一个实验，他在报纸上声称自己可以通过先进的程序为每个人提供精准的星座分析报告——但正如我们开篇假设的那样，这份报告是随意编造的。而当用户收到报告时，需要反馈一份评分表。

结果令高奎林大跌眼镜——足足有94%的人相信这份报告非常准确，甚至有人愿意付钱给他来索要更详尽的分析内容！

实际上，一切看似“古典”“神秘”的性格分析，无不利用了巴纳姆效应——无论星座、塔罗牌、占卜还是看相。这些所谓大师熟练地掌握了几套似是而非、无可无不可的台词，加上装神弄鬼，仪式感十足，让你觉得他帮助你“窥测”了天机，而其实这是一套说滥了的、万变不离其宗的陈腔滥调。

现代社会中的许多营销行为也在无形中利用了巴纳姆效应。一些公司们借助人工智能、大数据的旗号，声称其分析了你的信息，会提供给你一个详尽的“用户画像”，说那正是你。

这个形象可能是你在大城市打拼，怀揣着单纯的梦想，但是生活窘迫；也可能是生活在父母的庇护之下，即将面对社会的压力，承受着深刻的焦虑……总之，你正适合使用他们的产品，他们正是那个难得的“最懂你”的人。然而，这些语义含糊的话语是数据算法精心编撰的，很可能几亿人都符合这种宽泛的描述。

在生活中，其实巴纳姆效应也得到了广泛的应用。很多老师都曾经在课堂上说有些同学表现优异，进步突出，平常也表现积极，有团队观念，大多数学生都会以为老师表扬的是自己。

在职场上也是如此，老板有时会含糊地说大家都表现出色，称得上是优秀员工。尽管老板眼中的优秀员工只是其中某个人，但是大家都会以为说的是自己。

巴纳姆效应就是这样奇妙——如果墙上有一个镂刻的人形缺孔，我们就会自觉把身体往里面伸。

旁观者效应：
分散的责任，就等于没有责任

一次，我的一位朋友碰巧目睹了一场车祸事故：一名老年拾荒者被撞倒在马路边。肇事司机是一名年轻女性，事故发生后，她捂着嘴，眼泪直流，愣在了原地。渐渐地，车祸现场围了一圈人，有路过的行人，旁边车辆的司机，还有附近便利店的员工和顾客。人们议论纷纷，有人在不停询问老人的身份，也有人对司机品头论足。

大概十来分钟后，一名热心人士突然想起来，高声喊："有人打120了吗？"短暂的沉默后，有人说："我没打，我以为别人打了""我也是，我就是看发生了什么事儿，没想到都没打""你快打吧，用不了多少电话费"……

最后，还是那位提问的热心人士拨打了120急救电话。

为什么事故发生的最初几分钟没有人立刻拨打急救电话？

为什么人们在事故现场会进行无关的议论，也没人想起拨打报警或急救电话？

难道这一切都是人情冷漠所致？

其实，这在心理学上被称之为"旁观者效应"——当有旁观者在场时，人们采取主动行动或达成责任、目标的意愿就会大幅度降低。人们会产生互相推诿的心理，都觉得他人有责任去做，或者他人将会去做——结果没想到每个人都是这样想的，进而严重影响做事的效率。因此，旁观者效应也被叫作“责任分散效应”。

上文提到的车祸现场的混乱情景正是典型的旁观者效应。事实上，最初旁观者效应被发现，也是在突发、紧急事件中。

1964年，在美国纽约发生了一起谋杀案，受害者是一名酒吧女经理。当时是凌晨三点钟，她在自家公寓附近被歹徒袭击，在逃跑中疯狂呼救。附近的住户中，有38人听到了她的呼救声，却没有人出手帮助，甚至没有人替她报警。最后，受害者不幸殒命街头。这个案件在当时的美国社会造成了很大的轰动，人们纷纷谴责那些只顾看热闹却不及时施救的38名目击者。

心理学家通过实验发现，当围观者较多时，就会发生旁观者效应。人人都以为他人会报警，觉得自己“肯定不是第一个听到呼救的人”，没必要掺和一脚。再加上彼此间缺乏有效沟通，每个人都有可能不约而同地选择冷眼旁观，而非主动施救，最终导致了可怕的后果。

这些沉重的案例时刻提醒我们旁观者效应的存在。在心理学上，心理学家总结了几点旁观者效应的原因。一是人们在行事前会评估周围人的行为作为自己行事的参照，如果其他人都没行动，就倾向于自己也不行动，免得被人说“多管闲事”或承担不必要的责任。

研究者发现，在突发事件中，比较极端的情况是：有人会根据其他人的行为下意识地猜测伤者已经无法救治，再打电话求救或报警也没有意义，于是放弃了第一时间采取援救行动。

然后是从众心理——当大家都不主动站出来报警，个人在潜意识中就会认为报警或求援会让自己在人群中成为异类，哪怕这种“异类”主观上是更具道德性的，人们也会面临较大的心理压力。

三是当众人在场时，人们潜意识里会希望对自己所见的事实进行确认——究竟是车辆超速了还是受害者自己过马路不规范？受害者究竟是被撞了还是突发疾病？对于这些看起来不成问题的问题，当有旁观者在场时，人们往往更倾向于先去确认。这也是为什么事故现场会有各种议论声存在的原因。

四是责任扩散，类似“反正我不是唯一看见的，真的延误了抢救时机，我也没有责任，我对得起自己的良心”等心理。同时，由于有众多围观者在场，人们的心理压力和责任意识会因此大大减轻。

事实上，旁观者效应也不仅仅发生在突发、紧急事件上，日常生活中，我们也能看到旁观者效应。

例如，在职场中，你可能会看到这样的情况：午饭后，大家都在办公室休息。此时经理推门进来说：“谁有时间帮我整理下前天开会发言的文档？”30分钟后，经理又过来了，问有人整理了没有，大家面面相觑，才发现谁都没有做。

在工作中，这其实是一个很典型的情形——正是由于旁观者效应，大家都以为有人会主动承担这份工作，最后导致责任无法落实。

想要克服旁观者效应，就需要对症下药。最好的办法就是当有一群人在场，谁都可以去做某项事情时，指明某一个人来做。比如，当你遇到危险时，不要盲目呼救，可以喊“穿蓝衣服的大叔救救我”；在工作中，也不要说“谁有时间的话帮我……”这种话，而是直接问：“小刘可不可以帮我做某事？”

旁观者效应会极大增加我们对事件的反应时间，拖慢反应效率，甚至导致事情没人去做。作为一种非常普遍的心理现象，这种心理值得我们高度警醒。

逆火效应：
正确的话也可能使人逆反

在美国，有一部分反科学的群体十分偏激，他们不相信进化论，不相信气候变暖，否认疫苗的作用，相信地球是平的，还认定阿波罗登月事件是NASA（美国航空航天局）自导自演的骗局……

这些人往往还很“坚定”，无论你摆出什么证据都难以动摇他们。2018年，美国知名科学哲学家李·麦金泰尔为了探讨为什么这部分人会如此执迷不悟，参加了一个坚持“地平说”的组织举办的“‘地平说’国际大会”。

在这次会议上，麦金泰尔见识了让人瞠目结舌的场景：相信“地平说”的人往往怀揣着宗教般的信仰，无论反对者怎么说地球其实是圆的，他们的态度反而更加坚定。

“你不可能说服一个拒绝接受积累了数千年的科学证据的人，还继续给他提供新的证据。无论我说什么，他们总有自己的理由……”最终，身心俱疲的科学家放弃了与这些人继续争论。

这种现象被称为“逆火效应”，是指在很多情形下，假如想更正某人的错误观念，在出示证据和逻辑后，很可能会加深对方原有的错误观念。

逆火效应的出现源于人们自我确认的需要——建立一个观念需要付出

巨大的努力，所以人们往往对旧观念被轻而易举地摧毁采取拒绝或对抗态度。因而，旧观念会根深蒂固地占据我们的脑海。

一个很有趣的证据是，当我们向别人科普 WiFi 辐射无害时，很多人会抗拒；但如果我们基于其“旧观念”，将科普内容加以调整，对方就很可能接受。比如，WiFi 辐射有害，但可以避免，普通人在使用时不足为惧。

逆火效应出现的另一个原因是过度反应。如果接受新观念使得过去的自己显得幼稚、愚蠢，人们很容易被激发出过度反应，坚决拒绝新的认知。

逆火效应的表现有很多，包括直接否定、曲解、选择性接受证据、阴谋论……你可能会发现，无论怎样费尽唇舌，你都说服不了一些人。其中，反科学群体就是最佳的例子。如果一个人连“地球是圆的”和“阿波罗登月计划”这种最基本的事实都不相信，那么你无论如何都难以说服他——还有什么比这二者更“不言而喻”的吗？

在网络上和生活中与他人进行讨论时，我们难免会遇到争执和激烈辩论，甚至遭遇逆火效应。比如，老年人倾向于相信保健品的疗效。在很多家庭都发生过类似事情，子女口沫横飞、循循善诱，结果老人却更加相信推销保健产品的推销者，反而猜测子女是不肯为自己花钱，自己花很多钱买了几大箱毫无价值的保健品，以至于很多家庭因此产生了深刻矛盾。

那么，该如何应对逆火效应呢？我们之前已经阐述过，可以基于对方的“旧观念”适当地加以调整。假如老人无论如何都相信保健品，怎么说都不肯听，那么不妨说正规厂家生产的保健品是有效的，但是 × × 品牌完全不足信，然后给老人买一些医学验证可靠的营养补充剂。这样老人的心理紧张感会大大松弛，沟通起来也更愉悦。

还有一种方法是厘清对方的思维逻辑，从根本上探寻对方为什么会坚信旧观念。例如，老人盲目相信保健品的功效，很可能是平时子女关怀不够，老人觉得老来无所依靠，只好借助于“有神奇疗效”的保健品让自己身体更强健；而那些相信“地平说”的人，很可能是被各种“地平说学会”宗教般的氛围影响，对社会竞争丧失信心……当你明白对方思想的出发点，再进行观念扭转，相对来说就会容易得多。

在生活中，我们经常需要说服他人。逆火效应告诉我们，为什么正确的言论也可能被人拒绝。

事件切割理论：
加强记忆的最好办法，就是不中断的体验

在网络时代，搜索引擎对人们的注意力有着强大的牵引力。例如，在上班时，你可能经常因为要搜索某一关键词，最后变成了搜索“大象有多重”“天线宝宝能不能和Ｅ·Ｔ外星人联络”等一些毫无根由的问题。

为什么人们会忘乎所以地去做与工作无关的事情呢？你可能会说，这是因为胡思乱想远比刻板的工作有趣。这并不能完全解释这种现象。一种叫作“事件切割理论”的说法解释了人们的注意力为什么会发生转移。

美国心理学家加百列·雷万斯基等人的研究表明，在我们的记忆中，一件事情如果已经完成，在经过一个标志性的边界后，人们就会快速遗忘它。比如，在实验中，如果在一个明显的边界事件后，心理学家再度测试被试者对之前事件的记忆，发现他们的记忆力会下降许多。

时间就像是连绵不断的流体，我们所从事的工作也是如此。但是，我们的记忆存储却不是这样的——人脑会自然地将经历的事件以片段的形式储存下来，中间的分隔是自发选择的边界。作为片段的事件发生转换时，之前的记忆便会迅速衰减。

最直观的证据是：当发生事件转换时，大脑的活跃区域也会发生显著的变化。我们日常生活中看起来顺畅至极的工作切换——从认真工作到被

网络信息牵着走，经过了大脑复杂的调动。

举个例子：当我们在看电视时，中间去厨房倒了杯水，喝完以后再回到电视前，就很可能遗忘之前的剧情。可是，如果你在看电视的同时喝水，中间没有发生事件切换，也没有成为边界的标志事件，那你对剧情的记忆仍然会很清晰——这就是事件切割理论的具体体现。

电视节目制作者很早就察觉到了这一点。很早以前，电视台插播广告的时间是固定的；后来，大多数电视台插播广告的时间都经过了微调，它们往往在电视剧剧情告一段落时插播广告——这不完全是为了避免招致用户反感，更主要的原因是这样用户更容易淡忘剧情，将注意力转移到广告上，并加深对广告的印象。

反过来，如果要延续对之前事情的记忆，很显然应当是让用户产生“沉浸感”——即没有显著的边界事件来打断体验。

很多互联网公司已经在深入地研究“沉浸感式消费”。例如，在游戏产品中，它们开发出统一的界面，尽量扩大软件占据屏幕的比例，用“流式媒体”不间断地显示或消除时间提示，尽力让客户忘记游戏时间。

而在实体商家中，商家也早早地利用到了这个理论。其中最著名的要属宜家家居，经营者尽量利用各种产品体验吸引顾客长时间地停留在店内，为此不惜将顾客通道设置得复杂如迷宫，目之所及都是宜家的产品。顾客如果希望上卫生间，则可以轻易就找到。

这类经营者最怕客户的浏览或试用体验被中断。很显然，对他们来说，客户刚进店就产生离开的念头，这是最令人难以接受的。

根据事件切割理论，我们也可以找到加强注意的办法——**尽量保持事**

件的连续性，不要使事件中断。善于利用事件切割理论，理解记忆的片段式特点，并加以利用，能够使我们合理地记忆事物，将注意力集中在我们所期望的地方。

语义饱和现象：
看的时间太长，就会不认识

很多人都有过类似的经历——当凝视某个字太久后，比如，投票时唱票人所写的“正”字，发现那个字似乎变得很陌生了，甚至怀疑自己的脑子“死机”了。

尤其当面对部首组合较复杂、不太常见的汉字时，这种事情发生得更为频繁，这简直像是汉字的“诅咒”。那么，为什么会发生这种事情呢?

这种现象被称为“语义饱和”。指当凝视某个字词较久时，就会对这个字词感到陌生，甚至忘了它的含义。

语义饱和是正常的感知现象，在任何人身上都可能发生。甚至是越熟悉它的人，越容易发生。

对于语义饱和现象发生的原因，有两种解释理论。

一种是“格式塔学说”。“格式塔”在德文中有“整体、完形”的意思。它强调人们感知的整体性。在观察汉字时，人们是以整体来认识汉字的，因此能在快速的一瞥中识别出常见的汉字；但是在长时间凝视中，人们的注意力不可避免地迁移到某个字的部首和结构上，因此产生了陌生感。

另一种解释理论则是感官疲惫现象。当人们感知到一种物体时，神经系统要把感官信号转变为大脑能理解的信息。比如，当你接收到一种颜色时，大脑并没有办法理解它究竟是红还是蓝，只有经过神经系统的处理，才能知道这种颜色是红色。当神经系统长时间处理相似的信息时，就会发生疲惫，转化速度变慢，需要更长时间才能认识到“正”便是“正”。

在两种解释理论中，我们都能发现，语义饱和现象其实不止发生在汉字上，使用其他语言的人们也有发现类似现象。当观察一连串字母文字时，你也可能突然意识到自己看的是一连串无意义的字母串。更进一步，语义饱和现象甚至可能发生在其他感官上。

比较典型的是音乐。一段耳熟能详的音乐在反复播放后，很多人都会诧异地觉得某个片段变得异常陌生。而如果总是品尝某个口味，感觉也会变得迟钝，难以品尝出其他味道。当反复做某个肢体动作时，会突然发现不认识那个动作了。

语义饱和现象绝不仅仅限制在语义上。对于这种现象，处理办法应当是多接受不同的刺激，避免因为沉溺于某一种刺激而发生疲惫、钝化。比如，当关注某个汉字太久发现反而不认识它时，不妨去看点别的。

在上学时，很多人也有这样的经历：机械地背书、盯着解不开的数学题冥思苦想，最后知识没能吸收，反而忘了自己背的是什么内容，或解某一数学题的基本思路是怎样的……这就是典型的语义饱和现象。

所以，理解了语义饱和现象，就能够正确认识大脑处理外部信息的一些规律，进而合理用脑——坦然面对大脑偶尔的“死机”，才是我们使用大脑的正确途径。

真相错觉效应：
假话说得多了别人就会相信

很多人相信一些顽固的旧观念，比如WiFi辐射对人体有害，不能喝凉水，被子盖住肚脐有利于健康……这些观念或者有片面的道理，或者已经落后于时代，在科学上很难成立。但是，如果想让相信它们的人改变观念，往往非常困难。费尽口舌的结果很可能是对方表面上接受了，回头却将你告诉他的合理观念抛之脑后，令劝说者非常郁闷。

这种现象被称为“真相错觉效应”。指人们直觉上更信赖被反复重复过的信息。

人们在评估真相时，首先是根据自己对相关事件的了解程度，其次则是依赖于对事件本身的熟悉程度。

在很久以前，信息传递、置换、验证的速度较慢，周期较长，要判定一项信息是否真实并不容易。因此，相信经验，固守熟悉领域，谨慎地尝试新观念就具有非同一般的意义，这样也可以极大地降低生存风险。

只有在现代社会，信息爆炸加上科学高度昌明，真相错觉效应才成为我们认识世界的阻碍。

人们还经常受到真相错觉效应的影响。其中最直观的无疑是广告。

比如，一个没有明显比较优势的产品可以通过大肆宣扬其某一独特性（这一独特性未必是其最大的优势）来赢得市场。在经历过相关广告信息的“狂轰滥炸”后，人们很可能会对这一产品的某种功能深信不疑。

在广告营销领域，有一个名词是“制造需求”，很多高明的广告人可以通过营销使你相信你真的具有某种需求。当一个人真心想调查某种产品的真实性时，他可能只需要搜索基本的科学知识就能确认；但是大多数人往往不会这样做。大部分人会自然地购买某种产品，其思维逻辑是“这东西经常见到、大家都去买，应该不会有问题吧”。正是这种习以为常的心理，使消费者轻易地选择了付钱购买。

对于普通人来说，真相错觉效应最有启发性的一点是：如果秉持着真相，就应当反复地说，不能认为道理讲明白了、事实讲清楚了就可以不管不问，任由对方“醒悟”“开窍”——人们思维上的巨大惯性会导致严重的认知偏差。

另一方面，更不应当仗着自己是对的，觉得自己掌握着真相，就对别人冷嘲热讽或打压贬低。

真相错觉效应既然是一种长久以来形成的错觉，那么，你就更应当理解——谎言重复一千遍依然是谎言，但是会和真相长得越来越相似。我们尤其不应当传播谎言，这也是我们在日常生活中应当时常警醒自己的。

真相错觉效应告诉我们，我们的大脑并不总是那么理性，它会轻信熟悉的信息。我们应当避免传播虚假消息，以免他人误信；也应当积极传播真相，使得更多人理性、可观地面对复杂多变的世界。

第七章

投射效应：

跳出预设，
才能更好地了解别人和自己

投射效应：
跳出预设，才能更好地了解别人和自己

2018年，在暴雪公司举办的嘉年华活动中，这家全球知名的游戏公司公布了其盛大的压轴项目——即将为《暗黑破坏神》系列游戏开发手机版。

当暴雪代表满怀骄傲地公布这个喜讯时，预料之中的欢呼呐喊并没有出现，现场甚至陷入了诡异的安静，少量的声音则是来自某些粉丝按捺不住的嘘声。

暴雪公司的代表面对现场尴尬的气氛，充满疑惑地问道："Do you guys not have phones?"——你们这些伙计难道都没有手机吗？这句真诚的、大惑不解的发问瞬间传遍全球各地，成为游戏圈中一个经典的、绕不过去的"梗"。

在这个事件中，暴雪代表的话展现出了心理学中"投射效应"的痕迹。

投射效应，是指在认知他人时，从自身形象和感知出发，把自身的特性、情感、意志投射到他人身上。具体表现为在没有认真考虑对方实际的情况下，主观地以为对方的想法和自己相似，对方的好恶和自己一致，对方的行事与自己同步——即相同投射、情感投射和愿望投射。

投射效应经常会导致忽视对方的真实情况，错误地以己度人，导致认

识偏差，甚至产生许多不愉快。

在这个例子中，暴雪代表的发问就可见一斑。在暴雪代表眼里，自己是全球顶尖的游戏开发商，顺应手机游戏火爆的市场潮流，贴心地为世界各地的玩家开发了新游戏，玩家怎么会不喜欢呢？

市场上手机游戏正当红，暴雪公司及时开发出质量最好的手机游戏，这难道不是玩家所期盼的吗？

你们没有手机吗？你们有手机难道不玩手机游戏吗？我们开发手机游戏难道不是正满足你们的需要吗？

事实上，并非玩家没有手机，也并非手机游戏天生低人一等，而是在大部分PC（电脑端）游戏玩家眼里，受限于手机本身的性能和手机硬件的表现力，在手机上玩的各款游戏很难呈现出电脑上3A大作的惊艳效果。很多玩家觉得暴雪代表的发问完全没有考虑玩家的意愿，没有倾听玩家的心声。

在商业市场中，投射效应导致产品开发与用户喜好产生偏差的现象层出不穷。许多大公司的失败往往并不在于技术水平的落后，而是产品不受用户的欢迎。这些公司内部的开发理念往往背离市场，比如，微软公司开发的Windows phone（微软手机）系统。

很多产品设计人员分析，wp系统失败的原因就在于微软公司的“工程师文化”。

微软公司的开发理念是省心、实用、低自由度、确保使用体验稳定一致。但在用户看来，漂亮、流畅、高定制性、高个性化才是最主要的。微软公司试图将自己的理念推广给用户，却不被用户接纳。就比如在wp系统中，应用开启前会有一个短暂的停顿，同时会出现一个非常常见的“转圈”的进度图案——在微软系统开发人员眼中，实际上这个停顿是很短暂的，转进度的图案也很直观。但是，这却给用户带来了巨大的焦虑，用户会以为这种停顿需要花很长时间。

而苹果公司创始人乔布斯就看到了这一点，他曾经带领开发者夜以继日地修改手机应用中的过渡性动画，目的就是为了消除用户的心理焦虑。

如果说暴雪公司的例子体现了情感投射，微软公司的例子体现了愿望投射，那么，相同投射在生活中其实更常见——我们总会以为其他人的生活跟自己差不多，却不知每个人的人生经历可能大相径庭。

在《了不起的盖茨比》中有一句非常有名的话：“每当你想要批评别人时，你要记住：这个世界上所有的人并不是个个都有过你拥有的那些优越条件。”——这句话就展示了什么是相同投射。

投射效应经常在我们的认知中制造偏见，使我们不能客观地认知他人和世界。要明白，每个人的人生轨迹都是不一样的，一些条件优越的人常从自身经历出发，觉得世界上没坐过飞机、没吃过米其林三星大餐、没进过私人会所的人缺乏品位。但是，如果没有经历过他人所处的环境，又怎能如此傲慢地对他人妄加评判呢？

共生效应：
优秀的最好的办法，就是和优秀的人在一起

关注足球运动的人可能会发现，大部分顶尖足球运动员来自欧洲本土，或者来自其他地区但是在欧洲被训练成才。在欧洲，有完善的训练机制、丰富的联赛系统和众多同台竞技的优秀运动员。同时，欧冠（欧洲冠军联赛）的影响力也越来越大。

相形之下，曾经的“足球胜地”南美洲则荣光不再。巴西和阿根廷虽然还能经常产出优秀球员，但总体影响力却在日趋衰弱。

篮球运动亦然，在NBA（美国职业篮球联赛）的运作下，美国俨然已经成为世界篮球运动的中心。

这种运作的极致效果，就是出现了顶尖人才扎堆的现象。比如，在欧冠联赛中培养出德容、德里赫特等人的荷兰阿贾克斯队，NBA中培养出库里、汤普森、格林等人的金州勇士队，等等。

人才集聚一起，在从事工作、学习或者劳动的时候，相互启发、互相促进、共同生长进化的现象被称作“共生效应”。

共生效应源自生物学，指的是强大的个体聚集在一起，能取得更大的生存概率。

德国心理学家拉拉·迪特里奇（Lara Ditrich）通过实验发现，当一

个群体内部的成员违反了群体的共同价值理念，其他成员就会选择离开群体来回应这种行为；反之，如果群体内部的成员都能尊重集体的共同理念，群体就会越来越有凝聚力和向心力。所以说，优秀的人在一起，往往会表现更加优秀。

对于人才来说，共生效应普遍存在。优秀人才之间通过互相启发，会使众人都获得进步。在良性的合作环境中，每个人都必然是团体协作的受益者。而且，在一个汇聚众多人才的环境中，你追我赶、奋勇争先的氛围将会促进整个团体向前奋进，整个团体的活力将会获得极大提高。而想要维持这份活力，团体也需要吸引更多优秀人才的加入，这也同样是共生效应的应有之义。

在现代社会，闭门造车已经很难出产优秀的成果，人们也不再相信有隐居山林的不世出的天才，反而越来越多的案例表明，唯有在合适的环境或群体中，才能创作出优秀的成果。就像计算机产业的核心在硅谷，影视界的核心在好莱坞，金融业的核心在华尔街，移动互联网的中心在北京、深圳、江浙等地的大城市……在这些地方，相关行业的优秀人才更容易被培养出来，而从业者也更可能在整体氛围的熏陶下生产出优秀作品。这就是共生效应的强大效力。

对于企业来说，想要善用共生效应，就一定要坚持以培养人才为本，营造有利于人才发展的环境，发挥人才集聚的效果，使得优秀人才可以共生共荣，这才是长久之道。

一个典型的案例当属谷歌公司。谷歌（google）一直采用开放式办公，并推崇平等交流、积极创新的经营理念。他们为员工提供了非常轻松的工作环境，员工的层级之间也不存在高不可攀的壁垒。员工以小组的形式在一起工作，而基层员工与更高层员工可以比较容易地接触、交流。这就使得整个公司真正成为培养人才的温床，谷歌的许多高管、行业领军人物都来自公司内部，比如其现任CEO桑达尔·皮查伊。

共生效应告诉我们，对于人才，让他们和其他优秀人才在一起，互相激发，很可能最终都能够获得进步。而指望在管理层级固化、封闭的办公室、实验室里凭空走出优秀人才，看来更像是魔术戏法。

如果你是一名领导者，就一定要发挥人才的集聚效应，人尽其才。

摔倒效应：
为什么人们更容易同情困境中的强者？

“摔倒效应”的意思是：当你表现得脆弱时，他人对你表现出的态度很大程度上取决于你之前留给他人的印象。如果你在暴露自己缺点前给人的印象是坚强能干，人们就会对你的脆弱感到同情；而当一个人给人预先的印象是不称职，之后的脆弱表现就会加剧人们的排斥，人们会觉得此人真是一个一无是处的人。

摔倒效应说明了给人留下良好的第一印象的重要性。人并非是十全十美的，如果你在他人心中有着良好的印象，当你表现出脆弱或者是做错事的时候，也相对应有着更大的空间来改正。如果你在他人的心中本就是吊儿郎当，做事马虎之人，即使是真的今天状态不对，做错了事。人们对于你的固有印象依然是觉得你这人办事不牢靠，可能就不会给你第二次机会了。

在一个心理实验中，心理学家设计了两段文字，描写一个叫吉姆的男孩一天的活动。其中，一段将吉姆描写成一个活泼外向的人：他与朋友一起上学，与熟人聊天，与刚认识不久的女孩打招呼等；另一段则将他描写成一个内向的人。

研究者让一些参与实验的人先阅读描写吉姆外向的文字，再阅读描写他内向的文字；同时，实验者又让另一些人先阅读描写吉姆内向的文字，后阅读描写他外向的文字，然后请所有人评价吉姆的性格特征。

结果，先阅读外向文字的人中，有78%的人评价吉姆热情外向；而先阅读内向文字的人中，则只有18%的人认为吉姆热情外向。因为先阅读外向文字的人对于吉姆已经形成了“他是一个外向的男孩”的固有印象，即使后边有内向的描写，也难以轻易改变这种认知，所以这部分的阅读者认为吉姆是热情外向的。

实验心理学研究表明，外界信息输入大脑时的顺序，在决定认知效果的作用上是不容忽视的，当不同的信息结合在一起的时候，人们总是倾向于重视前面的信息。即使人们同样重视了后面的信息，也会认为后面的信息是非本质的、偶然的。所以，人们习惯于按照前面的信息解释后面的信息——即使后面的信息与前面的信息不一致，也会屈从于前面的信息，以形成整体一致的印象。

简言之，**当不同的信息结合在一起的时候，人们总是倾向于重视最先了解到的信息。**

由此可见，良好的固有印象是很重要的。事实上，人们对你形成的某种固定印象，往往日后也很难改变。而且，人们还会去寻找更多的理由去支持原本心中的这种认知。有时候，尽管你的表现并不符合原先留给别人的印象，但是人们在很长的一段时间里仍然会坚持对你的评价不改变。这就是“摔倒效应”的心理作用的诱导。

那么，我们该如何在工作生活中更好地运用“摔倒效应”呢？

不是说每个人要成为一次英雄，才有资格表现自己的脆弱。只需要在最开始的接触中给大家留下踏实向上、积极乐观等正面印象即可。这也就是“先入为主”带来的效果。

虽然这些第一印象并非总是正确的，却是最鲜明、最牢固的，并且决定着以后双方交往的进程。

如果一个人在一开始就给人留下良好的印象，那么人们就愿意和他接近，彼此也能较快地取得相互了解，并会影响人们对其以后一系列行为和表现的解释。反之，你如果是一个让人反感的人，则难以取悦他们，很多时候都在做着徒劳的努力。

墨菲定律：
最安全的地方，就是最危险的地方

航空航天科学，可谓人类最精尖科技和工艺的集合，在全世界各个国家，无数顶尖科学家们殚精竭虑，促进了航空航天事业的不断发展。

同时，这个行业也是最不允许失败的，每次失败，耗损的都是数以千万亿的财富。然而，不幸的是，灾难、事故几乎伴随着人类航空航天史的发展，比如“哥伦比亚号航天飞机坠毁事件”“马航MH370失踪事件”等。

在这些事件的背后，都有许许多多的专业人士的参与，但是，为什么灾难还是会发生呢？很多人会联想起幽灵般无所不在的“墨菲定律”。

墨菲定律，通俗地讲就是如果坏事有可能会发生，那么就一定会发生。在心理学上，讲的更多是由这种现象衍生的心理——越害怕什么坏事发生，就越会发生什么坏事。

在数学上，学过统计的人都会理解，当一件事情发生的概率大于0，那么当数据样本越来越大时，这件事情至少发生一次的概率也会越来越趋近于1 。墨菲定律其实完全符合数学规律，它可以说是这种数学概率的通俗表达。

很多人会完全凭借直觉来理解概率，但是，墨菲定理在某种意义上是反直觉的。当事情发生了多次时，虽然单次概率还是不变的，依然很低，但是“至少发生一次”的概率却会不断提升。而且，对于有些事情来说，发生一次就是承受不起的，这也是为什么我们不能忽视小概率事件。

之前做得再好，然而，因为某次的坏结果导致了所有付出付诸东流，对很多人来说这是不可承受的。就比如航空航天事故，它的一次失败意味着大量的经费打了水漂，无数人的心血白白消耗。

在人类历史上，最广为人知的墨菲定律事件，就是“泰坦尼克号游轮沉没事件”了。这艘在建成后被称作“永不沉没”的巨轮，在1912年的首次航行中就撞上冰山，因救生艇不够，船上有一千多名旅客及工作人员遇难。

泰坦尼克号的故事几乎家喻户晓，但很少有人知道，早在1898年，就有一位英国作家摩根·罗伯森写过一部叫作《徒劳无功》的小说。小说中描写了一艘号称“永不沉没”的巨轮，在首次从英国驶向美国的途中就撞上了冰山。因为没有救生艇，船上两千名乘客遇难。以上这些细节，几乎和泰坦尼克号一模一样。令人毛骨悚然的是，这艘巨轮也叫“泰坦”（Titan），连名字都几乎和泰坦尼克号一模一样！

墨菲定律对我们生活的指导意义，就是千万不能有侥幸心理，也不能有得过且过的想法。如果一件糟糕的事情可能会发生，我们就应该时刻警惕，应该居安思危，而不是想着反正是低概率事件，不会发生在自己身上，这种想法是绝对错误的。

这也通俗易懂地说明了为什么我们要重视长时间尺度上的小概率事件。

人们也会产生一种奇特的反差心理，认可某些事情的发生概率很低，但是造成的损失很大，所以就会对其念念不忘；而这种坏事又或早或迟总会发生——于是就觉得很神奇、很诡异。这也是为什么很多人觉得墨菲定律灵异、神奇、有神秘色彩的原因——这其实正是由于过于依赖直觉、没有深入理解事物规律导致的。

正确认识墨菲定律，理性认识坏事发生的可能性，消除侥幸心理，我们的生活毫无疑问会越来越好。

超限效应：
过多的刺激反而适得其反

用手轻轻地、若即若离地在胳膊上抚过，大部分人都会产生舒适、惬意的感觉，但是，当这种刺激变多，这种让人倍感舒服的感觉就会消失不见。

还有一种叫“头部按摩爪”的小玩意儿一度在各大风景名胜区卖得非常好。很多人第一次体验时也觉得全身酥麻，但是体验时间稍久，就不再有那么强烈的舒爽感了，甚至会令人产生烦躁的心理。

类似这种情形，被称为“超限效应”，指一种刺激如果过多、过强或者时间过久，就会引起受众的不耐烦或逆反心理。

在生活中，类似事件非常常见。例如，孩子身上产生了一点儿问题，如注意力不集中、爱吃垃圾食品等，许多家长控制不住自己，喋喋不休地训斥孩子，说了一遍又一遍。最后的结果往往不是孩子得到改正，而是孩子觉得父母在不遗余力地贬低、伤害自己，继而产生了逆反心理，开始顶嘴，抱怨父母为什么不能好好说话，觉得父母压根不是关心爱护自己，而是纯粹地抱怨。

这样的教育，结果可想而知。家长以为自己心心念念在孩子身上，倾注了全部心血，得到的却是孩子的怨言。孩子本来有克服缺点的决心，却在父母不断地抱怨中放弃了努力，觉得父母对自己的进步全然没看在眼里。最后，父母和孩子的关系变得恶劣，双方都觉得委屈、无奈。

这就是典型的超限效应。很多事情都是一样的道理，妄图一劳永逸地在短时间内施加巨大投入，以期换取快速的成功，其实是不现实的。我们应该研究事物的发展规律，把握节奏，循序渐进地施加影响，这样才能取得最好的效果。

还是以教育孩子来举例。家长可以稍微降低批评的频率，孩子喜欢吃垃圾食品，那就在他准备去买这些东西时给他提示，而不必时时刻刻揪着孩子的这个缺点不放。也可以转换方式，从其他角度入手，比如询问孩子是不是觉得家里的饭菜不好吃，他喜欢什么菜。或者，让孩子自己收集资料，比如“说说某些快餐的优劣”，引导孩子主动认识到垃圾食品对健康的不利影响。这样，孩子的接受度就会大大提升。

超限效应在各个领域都有非常广泛的体现。

人们一旦觉得某一种文化、风格、特色发展到了极致，充斥大街小巷，对它的感觉就会变得不一样，原本对它如痴如狂的爱慕可能就转变成了厌恶。

有一句流行语说“毁掉一首歌的最佳办法就是把它设定为手机闹铃”，其实也暗含着超限效应——再动听的旋律，日日在耳畔环绕，任谁也受不了这种刺激。

在大街上传唱一时的各种“神曲”亦然。一首歌要是红到了极致，可能满大街的商场都开始放这首歌；可是哪怕是爱好者，也受不了走个三五步就听到这种旋律，简直是魔音洗耳了。所以，一个很有趣的现象就是，假如一首歌被满大街的商场店家播放，那可能这首歌就“火”不了太长时间了。

超限效应对我们来说是一种有力的警示，很多事儿并不是越多越好的。讲求方法、遵循规律、按部就班地推进每一步工作，才能把事情做好。

缄默效应：
为什么狼会带出一群羊？

网络上总是热传关于辅导孩子作业的视频。对于没有接受过教育学、心理学专门培训的家长来说，由于不了解孩子的思维方式，不清楚儿童心理发展规律，他们会觉得自己随时会陷入崩溃，简直不明白为什么那么简单的题目也能写出千奇百怪的答案。

另一方面，孩子有时候也特别郁闷，他们也需要一个成长进步的时间，而很多父母的焦虑明显有“揠苗助长”的色彩。

仔细看这些视频，我们可以观察到一个非常有趣的现象，那就是当家长怒气满怀地责问：“懂了没有？这题会做了没？看明白了没？”孩子一般都会低头不言。家长会觉得气愤稍微缓解了一些。结果回头一看，又写错了，甚至错得比刚才的答案更加不可思议。于是父母更加火冒三丈，气不打一处来。

家长不理解为什么孩子会做错“那么容易”的题目，更不理解为什么孩子心里不明白却不敢说。他们往往没有注意到自己那声嘶力竭、凶神恶煞的模样。其实，这种现象中暗藏着一种少有人知的心理学效应——“缄默效应”——指滥用强迫手段只会招致沉默。

每个人都有心理界线，当处在界线外时，大家都表现得阳光、开朗、合群，积极表现自我，积极展示自我。没有压力的时候，整个人的外在表现是轻松且愉快的。而一旦压力过大、超越了心理界线，无形中，人们就会被激发心理应对措施。

沉默，就是应对强迫手段的表现之一。

在很多大公司都存在一个很奇特的现象：当公司内部进行调研时，员工大都表示没有什么可改进的，一切都很好；外界的分析公司往往会认为公司业绩很好，却难以摸清具体哪里出了问题。反倒是很多离职员工，没了拖累，也没有后顾之忧，就可以大谈特谈公司存在的缺点。这就是缄默效应的典型体现。

作为公司一分子的员工，长久地待在公司里，难道他们对公司真的没有一点儿看法吗？也许他们缺少领导力，也缺乏长远眼界和开阔视野，但是他们怎么可能没有一点儿基本的感知呢？是的，每个人至少对公司存在的问题都是有清晰感知的，区别在于愿不愿意表达出来而已。

当一位强势的、说一不二的领导上任时，很多员工因为被铁腕手段所震慑，他们就不再愿意真诚地表露内心的想法。这时，他们往往选择沉默以对，或唯唯诺诺，“怎么样都行”。时日一长，这些员工对公司的归属感就愈发薄弱，公司从可以寄托感情的集体变成了冷冰冰的“赚钱的地方”。

员工们保持缄默，是每个管理者都不愿意看到的，这样的工作环境缺乏活力，也缺乏竞争力。如果连员工都像名医扁鹊最后一次见到蔡桓公一样，眼看他病入膏肓却不发一言，那还能指望谁来使公司变得朝气蓬勃呢？

所以，管理者一定要善于调控管理手段，灵活改变治理方式，善于调动公司整体气氛，避免公司陷入暮气沉沉的地步。

破窗效应：
既然已经坏了，索性就让它变得更坏

在城市里，人们主要生活在居民小区里，不同的小区环境差别极大。在有的小区，虽然公共设施较旧，但是依然能良好地运转，整体环境清洁、舒朗。而在另一些小区，由于物业的不用心，出入人员的杂乱，往往很快就陷入肮脏、凌乱。

而且，你常会发现一种特殊的情形：在小区里，刚开始大家都按规矩倒垃圾，但是一旦有人起了头，随手将垃圾丢在垃圾箱外，这种行为如果没得到及时处理，那么很快就会有更多的人随意丢弃垃圾；小区的墙上、电梯里如果出现了涂鸦或小广告，却始终没人清理，那么很快就会涂鸦、小广告遍布，惹人生厌。

这种现象在心理学上被称为“破窗效应”。指坏现象一旦有了发端而没人制止，那么很快就会出现效仿，最后导致大规模的蔓延。

著名心理学家菲利普·津巴多在一项实验中发现：两辆新车分别停在中产社区和贫民社区，在贫民社区的车会很快被偷走，而中产社区的车会安全无虞；如果把中产社区这辆新车的车窗玻璃打碎，就很快会有人把车偷走——小的犯罪行为诱发了更严重的犯罪。

在这个基础上，心理学家进一步提出了破窗效应，指如果一幢高楼出现了破窗而没有得到及时修理，就会有人去打碎更多的窗玻璃，甚至发生其他更恶劣的犯罪行为。

破窗效应的发生，在于它对人们心理的不当暗示和诱导。首先，当少数破窗存在时，意味着这个地方脱离了严格有序的管理，给了人们错误的暗示，即这个地方管理不严格，可以随意放纵。当出现了这样的信号，人们对自我的约束就会放松，内心也不再珍惜这片环境——就好像在一个干干净净的地方乱丢垃圾会有严重的心理压力，但是在一个凌乱的地方则没有。

其次，破窗户的存在，是对他人违反规则的诱导。已经有人在破坏规则了，那么后来的人再违反规则，就觉得“也没什么大不了的”，别人都不遵循规则，为什么单单要我约束自己呢？这两种因素的共同作用，使得坏现象迅速蔓延，造成了严重后果。

在生活中，破窗效应的表现非常多，也非常剧烈。拿开篇居民小区的例子来说，极端点的情况，一个小区可能在五年、十年内都能保持较好的卫生环境。但是，一旦破窗现象发生，很可能在一年之内就糟到不行。

现实中确实有许多建筑物从全新入住、窗明几净，变成藏污纳垢、故障频出只用了很短的时间。在这些案例中，破窗效应可谓“功不可没”。

有的企业规章制度快速地失去威慑力，也是源于破窗效应——违反规则得不到有效警诫时，奢谈遵守规则就缺乏号召力。在股市里，大盘的崩盘有时也源于无缘无故的抛售，某个基金机构因为特殊原因卖出了一只股票，导致某些观望的股民和机构对市场状况失去信心，跟风抛售，最后互相踩踏抛售形成大规模的市场动荡。

那么，如何破除破窗效应的不当影响呢？

最关键的是防微杜渐，将坏现象扼杀在萌芽阶段。千万不能放任第一扇破窗的出现而无动于衷，一定要高度警觉它的不良影响。

在认识破窗效应的基础上，要竖立这样的意识：保持良好环境虽然艰难，但是如果发生破窗效应，最后烂摊子越铺越大，那么届时想要收拾无疑会更麻烦。所以，绝不能贪图一时的痛快，而为以后埋下潜在的祸根。

其次，要有“亡羊补牢，为时未晚”的心态。破窗户虽然出现了，但是如果积极拯救，那么将保住其他还完整的窗户。

再次，对于个人来说，一定要明确自己的道德准则，不要被环境所诱导，无论环境如何变化，都要坚持自己的原则，不苟且，不随大流，不“以恶小而为之”。

破窗效应是一种广泛存在的、非常典型的在坏行为上的跟风行为。它会在悄然间腐蚀我们的生活和环境。因此，要时刻保持警惕，努力破除破窗效应的不当影响。

啦啦队效应：
站在人堆里更好看

在社交网站上，关于拍照，一直是很多人“吐槽”的重灾区：不要和比你更苗条的人合照，要靠后而不是靠前以显得脸小，给自己和真正的密友PS修图……但是，有一种现象可能会出乎很多人的意料——在合照中，人们往往会表现得更有魅力。

这种现象，在心理学中被称为“啦啦队效应”。你可能会注意到：簇拥而出的啦啦队员们在照片中表现得大都很有魅力——相比起她们独自出现在照片中时。

在一次实验中，研究人员向被试者出示了一些打乱顺序的照片，照片的主人公是相同的一群人，这些照片有合照也有单人照，研究人员请被试者给照片打分。结果显示，即使是同样的人，在合照中出现时，其得分要高于在单人照中出现时。

这在统计学上具有相当的显著性。

在分析了被试者对照片的评点后，心理学家德鲁·华克认为，在合照中，个人的缺点在被试者眼中“被平均化了”，这种互相的“平均”使得每个人的缺点都更不明显。

须知，人类的理想面庞本身就接近所有面庞的平均值。更进一步地分

14天沟通力提升训练营

☑ 社群学习　☑ 名师辅导　☑ 线上互动

1节
视频大课

15节
音频小课

3期
45分钟读书课

28个
沟通技巧

代金券 199元

CASH COUPON

凭此券，获取一个至少让你身价翻倍的能力！

发展学会

扫描上方二维码
领取双重福利

01. 免费加入价值199元的沟通力训练营，帮你实现从沟通小白到社交高手的蜕变

02. 跟老师进行一对一职业发展辅导，立刻获得完整的个人发展建议和详细的分析报告！

析，对这种“平均脸”的好感，可能原因有两个，一个是人们习惯以“整体”的思维来观察事物，整体的美要高于个体的丑陋；另一个则是人们的注意力是有限的，在关注很多人时，就无暇也无法将注意力更多地集中在某一个个体上。

啦啦队效应在生活中有很多体现。比如，在超市里，知名品牌往往并没有多么特别的优势——因为普通商品和知名商品是摆在一起的，商家并不因为知名品牌销量更好而特意将其突出摆放。当顾客看到它们时，会直觉地以为它们都差不多，以为放在同一层货架的商品不会差距太远，因此会随意挑选一个。

再比如，“滥竽充数”的故事也可以有别的解读——当技能薄弱却混迹在专业团体中，其他人往往会高估你的能力。人们会将你的水平向团体的整体水平看齐。其他人的大显身手某种意义上也是为你出手，你的严重失误也同样会被不同程度地予以谅解。

人类的知识总是有不同的缺陷，这是必然的。但是，缺陷未必是损害，正是它造就了世界的丰富多彩。啦啦队效应虽然可能使我们“不尽客观”，但是利用它，却能使人与人之间更亲密友善。我们应当适度地利用啦啦队效应，更愉悦地接纳拥有千姿百态的世界。

第八章

互惠关系定律：

别人怎么对你，都是你教的

互惠关系定律：
别人怎么对你，都是你教的

在心理学上，一种情绪或者一种行为都会有一种被动态的事物与其对应，譬如：给予就会被给予，剥夺就会被剥夺；信任就会被信任，怀疑就会被怀疑；爱就会被爱，恨就会被恨——这便是互惠关系定律。

互惠关系定律昭示着任何一种行为都将收获相应的回报，而回报的好坏完全取决于行为本身。

在现代管理学应用中，互惠关系定律要求管理者或者经理人在进行管理时对于员工除了“利诱”之外，更应该有情感上的表达。这种情感上的表达与普通情感不同，它是一种绑定的“利益共同体”的表达，更多体现在“感同身受”。

实际上，这种互惠关系是一种共生的互利。所谓共生，是指两种不相同的有机体生存在一种互利的关系中。 而互利关系，则是整体行动的效果大于独自行动所产生效果的合作和行动。

共生，简言之便是团队凝聚力——无论出于什么样的立场以及所追求的目的，团队中的每一员都应该以团队目标及团队利益为先。在团队中，难免会有利益的博弈，也难免会有人牺牲自己的利益去成全团队。优秀的管理者应清楚地看到这一点，在扩大团队利益的时候维持良好的团队氛围。

要做到这一点，有两种态度可以帮助管理者完成这个目标，即忠诚和真诚。

忠诚绝不是如同打了鸡血一般的誓死效忠，而是基于可实现的目标，在价值观上，在个人成长与公司成长的互相作用下的忠诚，它是复合的，也是充满变化的。管理者要深刻了解员工的需求，才能够对症下药。

而真诚则是实现前者的必要条件。只有付出真诚，才能收获真诚，这是互惠关系定律教会我们的。管理者尽可能地做到这两点，将会收获极具凝聚力的团队。

在实践过程中，如何落实真诚呢？首先要关心他人的福利和前途。一个总是在牺牲个人成全团队的员工，是无法长久地保持忠诚的。所以，在管理过程中，应当了解每个人的需求，并将需求落实。假设他的需求暂时无法实现，也应当进行拆分，并努力在每个阶段予以落实。最忌讳的便是口若悬河，却毫无实际表现。

其次要以身作则。对于自己制定的规定与守则，绝不可因为自己是上位者便有所怠惰。无视规定的后果便是上行下效，要知道，你的一言一行都是团队成员效仿的对象。管理者都不重视规则，并强行要求他人服从、执行，十分容易激发员工的不满。

总而言之，互惠关系最根本的道理便是你怎么样，你的员工便怎么样。它极其依赖管理者的表现。当然，也会有例外。比如你的真诚换来的是背叛或者不屑，那么你需要做的就是将其剔除出团队，并以此为诫——诫的不仅仅是自己，还有你的员工。

对此，不必感到多么不满。毕竟，互惠关系定律告诉我们——你付出了什么，就会得到什么。

一个背叛的员工当然也将会在另外一段关系中收获背叛。我们需要做的，便是尽可能提高团队凝聚力，扩大团队效益。

坎贝尔定律：
别被你的绩效绑架

社交媒体的出现，无疑拉近了人与人之间的距离，找到“同好”再也不是一件莫大的难题，只要你有足够的耐心，即便身边无人理解，也能在网络上找到能包容接纳甚至支持你的朋友。

这样的便利与安慰让无数人将大量时间花费在社交媒体上，希望能在其中找到安慰与自身的价值。这么说来，社媒的出现大大拓宽了人们的交际范围，即便有相应的副作用，也应当算得上一件好事。

但是，事实果真如此吗？

在这个交际范围可以无限拓宽的网络时代，无数人在网络上寻求慰藉与支持，却很容易就在这寻求之中迷失。曾经，有微博大V抱怨过，当自己只有少量粉丝的时候，每次发微博都是一件乐事；但当自己拥有了庞大的粉丝群，每次发微博都如同一次让人精神紧绷的战役——你必须多次审查你的发言，并对即将到来的群体审视和批评做好准备，然后才能按下那个“发表”按钮。

当然，他这么说除了是因为如今愈演愈烈的“审视目光”外，也许还有KPI（Key Performance Indicator的缩写，即关键绩效指标考核法）的考虑。当一个人不再是想说什么就说什么，而是将转发、评论、热度等与“绩效”挂上了钩，那么原本的热情便很容易被“实现目标”的焦虑所取代。

经济学中有一条专门用以描述这种心态的定律，叫作“坎贝尔定律”。而在心理学中，这种情况被称为“过度理由效应”。意思是：当根据特定的衡量标准而对人们在某件事进行奖励时，即便原来人们愿意做这件事情，但都会逐渐发展成为了奖励而完成，而忽略了他们实际付出的心血和努力。

这种效应往往将人们的动机转化为外部的因素，而削弱了本来存在的内部动机。

事实上，“奖励”不仅仅是金钱或物质。特别是在如今打破人际交往藩篱的网络时代，许多原本是因为自己热爱才创作作品的作者，在吸引到人气后，都会逐渐受到人气的“绑架”，而变得过分关注作品的热度和受关注度，并为之调整创作内容。

而我们常说的“不要把爱好变成工作”，也正是基于这一理论：当爱好与金钱挂钩，原本的热情被薪酬的多少所取代，爱好也往往会变得不再是爱好，而成了生活和心理上的负担。

为大众所调侃的“UC震惊体”——利用耸人听闻的标题来引诱读者点击——同样是源于这样的心理效应：在按照新闻热度给媒体工作者发放奖励的制度之下，媒体工作者便会不顾新闻本身的内容，而选择或许偏离事实却吸引人的写作手法。

这条定律暗含的潜台词是，**如果你过分在意外界对你的影响——无论是奖励还是评判，那么你的内在动机就可能会大大减弱。当外部给予你的**

正面反馈减少时，便可能陷入懈怠的境地。

自然，“为爱发电”和“赚钱吃饭”二者之间本无谓对错，但若是想保持自己的热情和创造欲，那么调节自己、减少外部奖励或许是一个办法。同时，也要注重提升自己的内在动机，在这方面，精神上的表扬和鼓励更能激发创作者，物质奖励无法达到的内在动力，让人认为“我喜欢这项工作”，从而焕发更大的工作和创作的热情。

木鸡效应：
呆若木鸡的领导者更有感染力

“木鸡效应”源于《庄子 · 外篇 · 达生》：

古时候有一位专门训练斗鸡的名手叫纪渻子。一天，君王让他代为训练一只斗鸡。10 天过后，君王询问训练情况：“进展如何？是否近日可用？”

纪渻子立刻回答道：“时机尚未成熟，它杀气腾腾，一上场即横冲直撞。”

又过了 10 天，君王再度询问，但纪渻子还是回答说：“不成！它只要一听到斗鸡的叫声，便马上斗志昂扬，无法控制自如。”

又过了 10 天，君王又来询问此事，说：“怎样了？现在该可以了吧！”

纪渻子仍然摇头，说：“还不行，它只要看见斗鸡的身影，便立刻火爆蛮斗。”

最后 10 天很快过去了。君王走到纪渻子面前时，终于得到了对方满意的答复：“大功告成！如今它置身竞技场，不论其他的斗鸡如何挑其怒气，煽动其斗志，它都如木鸡一样无动于衷。现在，无论什么样的斗鸡遇见它，莫不落荒而逃。”

在心理学中，看似“呆若木鸡”的领导因其所具有的巨大吸引力、感召力，而使下属产生认同感、遵从感的现象，被称之为“木鸡效应”。

木鸡效应产生的原因主要来自以下五个方面：

一是木鸡型的人具有强大的吸引力。因为木鸡型的人一般来说淡泊沉静、憨厚亲和，因此给人一种无形的可接近感、可合作感、可融和感，与这种类型的人在一起不需要戒备、不需要提防，有一种安全感、幸福感。因此，下属自然而然地会从内心里接纳他、认同他、遵从他，不会有抵触反抗的心理。

二是木鸡型的人形似木鸡，实是成熟的智者。他们久经锻炼才练就了一身不外露而内敛的人格魅力。他们不是不善于自我表现，而是认为轻易、随便的自我表现只会有损于自我的形象，只会影响自我形象的魅力。因此，他们说话总是惜字如金，这也正是应验了古语“沉默是金”的道理。因此，他们要么不说，要说一定说到点子上，并产生效果。

三是木鸡型的人的木讷会给人一种高不可测的距离感。这种距离感会使人无法真正了解他们的内心世界，从而产生一种威严感。这种威严感会使人感到一种威慑力，认为“听从也许是最好的选择”，而“不听从则会给自己造成不利”。因此，他人不得不从态度、行动上跟从。

四是木鸡型的人有一种神秘的色彩。说他木讷，他怎么能令人信服？说他精明，他又怎么如此木讷？给人一种琢磨不透和神秘莫测的感觉。这种感觉会给人带来好奇心、关注心，通过细心的观察，人们又会发现这种人其实是一种“大智若愚”的人。人们对这种不声张、不傲气的智者会产生一种由衷的敬畏感、崇拜感，从而受到吸引，并心甘情愿地跟随他、忠于他。

领导权威，对于一个企业来说是组织功能体现出的影响力，对于个人而言是领导者的职位及其威望所形成的影响力。一位领导干部有没有领导权威，直接关系到其领导行为是否科学和富有成效，直接关系到事业的兴衰成败。

要想树立领导权威，领导者就要具有淳朴亲和、深沉稳重、淡泊名利等优秀品质。不要轻易地表决心、许诺言、示宣言、发狂言，而要实事求是、言行一致、取信于下属；更要“言必信、行必果”，使下属真正相信并从内心里接纳领导，也能培养良好的企业文化。

特雷默定律：
看到别人的才能，是管理的第一步

“特雷默定律”是由英国管理学家E·特雷默提出的管理学定律，他认为企业中没有无用的人才，每个人的才华虽高低不同，但一定是各有长短。在管理的过程中，要更多地看到一个人的长处，再根据各人的特点合理分配工作，才能使企业效益达到最大化。

同样的理论，孔子也早就提出过。在《论语·颜渊》中，孔子便提到“及其使人者，器之”。这个“器”，则是指合理地使用人才。

知人善任，首先便要了解该员工所擅长与不擅长的事情是什么。除了解他的工作能力之外，还应了解其性格特点，根据这些，才好判断他应该放在哪个位置上。

例如，有人工作能力不强，但踏实务实，做事细致，将其放在后勤的位置，保障前方供给最合适；有人擅长交际，口才不错，则可放在对外公共事务上。

这只是简单的判断，在真正的管理中，情况则更为复杂，要根据企业自身的情况合理下判断。

也可采用轮岗制度去衡量一个人在不同岗位上的不同表现。一方面让该员工能够更全面地了解企业的各项职能，另一方面也可以判断该员工更适合什么样的岗位。

员工的差异性，不仅仅体现在不同员工之间，也体现在同一个员工身上。同一个人在不一样的成长阶段会有不一样的表现，也会有不一样的心态。心态的变化以及能力的匹配也深刻影响着该员工的表现。因此，除却考虑他与其他员工的差异性外，也应该加上时间这一变量。

“知人善用”说起来简单，实际上并不像想象中那么轻松。对一个人的判断，除却工作上的表现外，还可以通过一对一的沟通去进行深入了解。在沟通过程中，应关注他的主动性与成长性，避免居高临下的质问，应多让其主动沟通，从而获取真实反馈。

“任人之长，不强其短，任人之工，不强其拙”。这便是特雷默定律中提到的第二点。在企业管理中，应着眼于员工的长处去判断他能够给公司带来的效益，而不能常常盯着他的缺点加以放大。举例而言，一个人擅长创新，能够通过各种新的方法提升工作效率并给企业增加效益，但他个性飞扬，容易与人起冲突。

在对这个人的评价上，效益的增加是最根本的评价依据，而与其他员工的矛盾可通过合作人员的变更等方式进行改善。如不是根本性的原则问题，创造价值则是衡量一个人价值的最根本的点。

在实践过程中，往往有管理者无视员工价值，而对其性格缺陷刻意进行放大，认定他会影响公司环境，由此判断他是一个不合格的员工，这种做法是本末倒置的。

特雷默定律是一条普适性特别强的规则，无论是创业公司还是成熟企业，都有其价值，不同的只是在实际应用过程中对于人才考察方法的区别。

鲶鱼效应：
找到让团队适当紧张的那个人

装满沙丁鱼的船上，渔民们为了保持沙丁鱼的活力，往往会在船舱里放几条鲶鱼。勇猛好斗的鲶鱼会让沙丁鱼充满活力以及求生欲。这种现象在管理学上被称为“鲶鱼效应”。

在管理学通常的语境下，“鲶鱼”指的往往是一种手段，用以刺激员工激发自己的潜力，提高自己的工作积极性。毕竟，没有人希望落后，更没有人希望被淘汰。而被认为是“沙丁鱼”的员工，通常因为缺乏忧患意识而导致碌碌无为，每一天的工作并不尽善尽美，对于工作也缺少敬畏心。由此可知，他们的工作效益通常也是不尽如人意的。

为了激励沙丁鱼员工，可以通过放置鲶鱼的方法，从而激发他们的工作主动性。

作为实现员工激励的手段，行之有效的激励规则是最普遍的一种。

激励规则包括完整的向上的奖励，例如最普遍的升职加薪等，激励规则理应配套末位淘汰制度，对于表现不佳、只知道混日子的人来说，末位淘汰制度能够让员工意识到自己有被淘汰的风险，从而改善自己的工作状态。

除此之外，这“鲶鱼”也可以是人。在同一个岗位上配置另一个不同的员工，并进行绩效比较，也是行之有效的办法——这名新员工则扮演了鲶鱼的角色。

任何一个偷懒混日子的沙丁鱼员工，都受到周围环境的深刻影响。假设周围都是每天毫无积极主动性的员工，“沙丁鱼”们也将心安理得地悠游度日。而一旦身边出现了一个具有竞争力并且表现主动积极的人，他们则会不自觉地调整自己的状态去适应新的节奏，毕竟他们也害怕被淘汰。

这种忧患意识的培养，能够让员工变得更加有活力、有干劲。

对于充当“鲶鱼”的员工来说，如何让他当好“鲶鱼”，根本在于让他完成自我价值的实现。通常，一个主动性强的员工追求的不仅仅是升职加薪，更在于追求个人价值的实现。他是出于获得生存空间的需要出现的，而非工作本身的需求。

鲶鱼效应不仅仅体现在团队内部，也体现在团队与团队之间。一个团队天然具备整体性和对外性，当一个有竞争力的团队出现时，该团队自然而然地会不想落于人后。鲶鱼效应的根本便在于比较与竞争——当团队具备竞争意识，缺乏主动性的问题便迎刃而解。

在实际应用中，我们能够看到非常典型的例子。例如，中国加入WTO（World Trade Organization，世界贸易组织）后便引入了许多国外企业。这一开放性举动一举改变了国内市场——国内企业不仅要与同一行业的企业竞争，也将与拥有国际前沿技术与管理标准的大企业进行竞争，为了避免被市场所淘汰，企业自发地进行改革是顺应规律的事情。

当团队中人浮于事，机构臃肿，效率低下时，不妨丢几条“鲶鱼”进去。适当刺激员工们奋力往上游，而非成天浑浑噩噩，不求上进。

但也要注意，“鲶鱼”也需要摆正自己的角色定位，做一条刺激别人的“鲶鱼”，不要一不小心步子迈大，进化成了吃人的“鲨鱼”——这样的后果便是两败俱伤，与鲶鱼效应的初衷相违背。

马蝇效应：
让你不舒服的不一定是坏事

美国总统林肯曾说，懒惰的马，只要身上有马蝇叮咬，它也会精神抖擞，飞快地奔跑。这就是著名的“马蝇效应”。

同理，让你不舒服的事物有时候并不一定是坏事，相反，它可能促使你迅速成长。在这里，“马蝇”是一种刺激的手段，它可能是一件极小的事，也可能是一句旁人的言语。它表面看起来可能让人不舒服，你或许会因为受到折磨而心生不满，但它们都会有一个共同特点——唤起你内心的潜力，刺激你奋力向前。

马蝇效应来源于林肯的一段经历：他想将一位叫蔡思的议员收入内阁，而银行家巴恩劝阻他说蔡思认为自己比林肯更伟大，甚至他更应该当总统。林肯大笑着问还有多少人认为自己比他更伟大，他要把他们都收入内阁。

林肯这样讲的原因，是他认为“总统欲”这种东西支配着蔡思在工作中表现得更好，他不服输的个性能够刺激他更好地完成工作，以证明自己的不凡。

在这个故事中，马蝇是不顺服，是高傲、自负与野心勃勃的象征。这没什么不好的，如果它能够促进一个人不知疲倦地向前奔跑，何乐而不为呢？

而在管理学上，马蝇效应的发生通常有两个原因。一是外部环境的变化会影响个体的行为，二是明确的目标与配套的奖励能够促使员工更好地工作。

拥有一个完整而明确的，并且具有挑战性的目标，无疑能够给员工带来压力。同时，这种压力一定要能够转变成动力，促使员工更积极地工作，并激活团队活力——这与鲶鱼效应有着异曲同工之妙。

但有所区别的是，马蝇效应中的“马儿”比起“沙丁鱼”更具有主动性，也更有性格上的独特性。他们往往更大胆，或者更加外向。如果说沙丁鱼员工更害怕被淘汰，在马蝇效应中，“马儿们”则更加乐于积极主动地去表现，以去换取相应的奖励。

他们往往拥有一定的能力，且不惧怕压力，但可能在某一方面有所欠缺——也许是性格缺陷，也许是缺乏前进的动力。但总体而言，他们具备前进的潜力。

要想马儿跑，一定得让马吃足草。配套行之有效的激励方式，才能将这些具备能力的员工的效用最大化，让他们能够拥有更好的工作表现。

在现代企业，有效的奖励手段可表现为接班人制度。在许多大企业中，一个管理者往往会被要求必须培养一个以上的接班人，当他获得升职时，接班人能够代替他的职位。这种激励制度因此让基层或者初级员工拥有了被培养的机会，并在晋升的诱惑下竭尽全力工作，以使领导获得更高的绩效。

除此之外，激励手段有很多种，我们需要按需定制，分门别类地去挖掘。有些人在乎名，有些人则更实际，在乎利益的分配……如何让“马儿”跑得更快，管理者需要甄别不同的需求，并将需求相应匹配至不同的人身上。

位差效应：为什么上下级之间总是没法相互理解

有句话说得好："没有平等，就没有真正的交流。"当交流双方处于不平等的地位时，交流中的信息是存在误差的，这便是"沟通位差效应"。

美国加利福尼亚大学的研究者提出：来自领导层的信息只有20%–25%被下级知道并正确理解，而从下到上反馈的信息则不超过10%，平行交流的效率则可达到90%以上。

这便意味着当下级与上级进行沟通时，下级需要更多的精力去揣摩上级的意图，而上级接收到的信息也会是片面的。

举例而言，在向上级汇报时，人们通常会选择总结成背景、步骤等关键性信息，去概述现状和问题。这便导致了上级接收到的信息是二次处理后的信息，事件的具体细节往往不被具体阐述。

而表达能力又是一个影响信息传递的因素。表达能力差的员工，通常会因为工作描述不够精确而导致误解。

通常，上位者没有太多时间仔细了解一般事务的细节，他们只需了解事务的核心即可，事务的优先级决定了他们思考的顺序。当上位者在未了解事务全貌时，便对其进行决策，对于公司业务来说是一种风险，而这种风险或许在一开始的时候就可以避免。

如何避免呢？那就是尽量减少沟通位差。

在进行汇报时，尽可能地将事情的本质说清楚。是什么？为什么？怎么做？围绕着核心展开阐述，避免大段的细节描述。

同时，避免模棱两可的描述，并且在用词上确保准确，尽量客观，避免“我觉得、我以为”这样的主观描述。当事情有可能存在一些无法预期的风险的时候，可对存在的风险点进行初步预估，再总结成点向上汇报。以减少信息误差。

除去公司业务风险，上下级关系的磨合也通常受限于沟通。

很多时候，沟通双方由于职级的落差，导致下位者不能畅所欲言，或者沟通时语言过于婉转，只能靠意会——这种方式充其量是谈话，而绝非沟通。

比如，领导说：“我觉得最基础的功能能够得到实现，我就很满意了。”这句话听上去是因为业务太难而选择降低难度，但背后隐藏的意思可能是他太过失望或对下属丧失了信心，因此才没有更高的要求。

所以，现在的公司更强调扁平化管理，弱化职级间的鸿沟。通过这种方式，人为降低上下级之间的沟通位差。

在良好的扁平化管理中，领导者是一个提供解决方法的服务者，能够帮助下位者更好地执行业务。下位者在这样轻松的氛围中，也更容易坦诚地说出自己内心真正的看法。

真诚，是沟通的第一要素，扁平化管理从形式上解决了第一步，但真正执行起来，依旧要靠个人。假设双方并没有真正沟通的意愿，那恐怕无论是什么形式都无法拯救沟通位差。这是非常普遍的社会现象，但普遍的并不一定是对的。企业和个人如果想拥有良好的发展态势，无论上位者还是下位者，都应尽力避免沟通位差效应的产生。

帕卡德定律：
机遇太多，反而容易导致公司倒闭

有句话是这样说的：平时做好准备，你才能抓住机遇。这话一般都是用来勉励个人的，但实际上对于一个集体也是如此。不过，对于一个公司而言，情况还要复杂一点儿，应该加一个前提——“机遇到来时，要看自己是否有能力紧紧抓住”。

著名管理学家吉姆·柯林斯在其著作《再造卓越》中研究了卓越企业衰落的五个步骤，分别是“狂妄自大”“盲目扩张”“漠视危机”“寻找救命稻草”乃至最后的“被人遗忘或濒临灭绝”。

柯林斯曾供职于惠普公司。而身为惠普创始人之一的戴维·帕卡德，则在“盲目扩张”阶段中提出了以其姓氏冠名的定律——帕卡德定律：公司的倒闭，源于机遇太多，而非太少。

此话听着着实奇怪，似乎与我们的日常共识背道而驰。实际上，他的意思是：如果一间公司自身拥有的优秀人才不足以支撑扩张后的公司规模，那么，即便是再卓越的公司，都无法确保收入的持续增长和业绩长青。

反过来看，如果一家公司扩张的速度总是比招募到足够支撑公司运转的人才的速度快，那么，扩张和收入的增长也只是虚假的繁荣。实际上，长期来看，公司的发展不仅会陷入停滞，还很可能有衰落的危险。

所谓的“官僚主义”和“体系臃肿”大多都是源于这个原因。一间出类拔萃的公司最为看重的必须是人才，并且是能处于合适的岗位，能发挥出相应能力的人才。他们能在工作的同时对自我进行管理和激励，从而带动公司上下的工作氛围，产生由内而外的自律文化，而非使用条条框框进行规范。

事实上，如果不能让合适的员工担任关键的管理岗位，那么这些所谓的规矩和臃肿的体制只会是限制发展的阻碍，而非必要的存在。

然而，好员工不常有，具有识人眼光的伯乐也不常有。我们之所以会有“大企业总是充满官僚主义”的认知，或许是因为的确有许多公司违背了帕卡德定律，让不称职的人担任重要的岗位，又因这些环节的失衡而引入各种流程来保证运作，导致平庸无能的人占据高位，更有能力的人才华得不到施展。

每一个关键岗位都像是一家公司的活动关节，正确的人选能让这些关节灵活起来，反之便会显得运转僵化。作为领导高层，想要公司能够持续发展，就必须对自己公司的这些关键岗位和担责的员工做到心中有数。

那么，作为员工，如何才能判断自己是否合适的人选呢？一个判断准则是：你是否认为自己承担了相应的责任。

许多员工的工作目的仅仅是为了生存，处理好手头上的工作任务便万事大吉。但关键岗位的负责人却不能如此，他们必须了解自己所需承担的责任，明白自己的具体职责，并能进行创造性的发挥，而非空有头衔。

第九章

自己人效应：

为什么是自己人，
规矩就不重要

自己人效应：
为什么是自己人，规矩就不重要

但凡是演讲高手，都会注意到一条基本原则：**巧妙地把自己定位为听众群体的一员。**

比如美国前总统奥巴马，他在竞选演讲中始终强调自己非裔美国人的身份，强调自己经历过的艰辛奋斗，包括大学前的艰苦生活和大学毕业后的迷茫生涯。也因此，他出身于单亲家庭，他曾经吸食过大麻等经历甚至也成了他的加分项，处处都彰显出这个人是多么的平凡。

此外，他成长中的波折、坎坷也足以引起大多数人的深刻共鸣，让人惊觉“美国梦”在历经二百年后依然焕发着蓬勃生机。虽然奥巴马的生平自述有刻意加工的成分（实际上这位严格自律的“年轻人”的生活从未陷入过窘迫，并且始终能接受良好的教育），但是，毫无疑问，奥巴马的演讲是成功的，他成功地用这套重构的个人形象感动了无数寻常美国人。他们在奥巴马身上看到了自己的影子，相信他能够体谅普通人，站在“利益集团”的对立面，为美国带来改变。

这种演讲技巧，就巧妙地利用了一种心理学现象——“自己人效应”。

自己人效应，顾名思义，指人们更信赖、更容易接受自己人的观点，自己人指与其同类型的人。

在生活中，人们要接收的信息非常庞杂，如何取舍无疑是令人头疼的问题。而由于长期以来形成的“物以类聚，人以群分”世俗观念，人们更倾向于接受同类人提供的信息，因为对方的立场、利益、价值取向和自己是一致的。在这种潜在逻辑的指引下，人们在情感上也更加倾向于贴近自己人。

尤其是当从狭隘的家族或民族上升到同一类人时，你就会发现，其所强调的和自己人效应正是一致的——当大家是自己人，是一类人，更容易同心同德。

利用自己人效应寻求自己和目标人群的共同点，是我们获得大众认可的重要手段。很多时候，我们其实已经在不自觉地利用自己人效应了。

例如，有些做生意的人喜欢强调：“我听你的口音是 ×× 地的，我也是，咱们是老乡，我还能多赚你钱不成？”这就是刻意强调和对方的籍贯一致，使对方觉得是“自己人”，从而相信他的报价是合理的。

当然，我们可以巧妙地利用自己人效应来增强与人沟通的能力，比如面试。很多人觉得在面试时没什么可说的，面试官冷冰冰不近人情，主动沟通会让自己显得太过功利，莫名其妙就变成“尬聊”。

而如果我们能把自己人效应运用自如，这种情况就会大大改善。比如，刻意和面试官聊籍贯、毕业学校、同行业内的工作经验、求职的彷徨苦闷……这些话题非常容易勾起面试官的共鸣，你被其认可的概率也就大大提升了。

从另一个角度来看，自己人效应也提醒我们，在日常生活中不要变得孤芳自赏，或与大众格格不入。坚定自身的价值观念，对自身定位有清晰的认知，自然是好事。出于个人的操守不愿意迎合他人也无可厚非，但是，这也容易让他人认为你和他是两类人，你不是他的“自己人”，这就可能使双方产生隔阂，互相不认可。

自己人效应是一个看似寻常却有着广泛内涵的心理学现象，可以用它来改造我们行为的场景非常多。我们一定要从内心深处理解并接受自己人效应，使之为我所用，让自己变得更有影响力。

霍桑效应：
“被看到”是一种生产力

哈佛大学心理学家乔治·埃尔顿·梅奥曾经率领团队在一个叫作霍桑的工厂做了一系列实验。起先，他们遵循传统的心理学和管理学成果，尝试提高员工待遇、改善工作条件等，但是，员工们的工作效率都没有显著提高。

最后，研究者们开始在部长办公室约谈被试者，告诉他们可以畅所欲言，表达对工厂的看法和工作感受。令人意想不到的是，员工们对工厂一直抱有怨言，在他们舒畅地表达意见后，因为感觉自己受到关注和重视，这些员工的工作效率反而大幅度提高了。

霍桑效应的内涵有两个，一是在意识到正在被关注时，人们会刻意地、积极地改变自己的行为；二是适度地宣泄不满有利于提高工作效率。

在聚光灯和闪光灯下，为了留下正面的形象，人们会非常努力地表现。一个非常有趣的例子是，各大手机厂商都曾经精心开发过“老人机模式”。设计者贴心地加入了大字体、快捷拨号、鲜明色块、智能朗读等方便老年人使用的功能。

然而，这种看起来直戳用户痛点的方向却并未受到用户好评。并不是用户不够多，而是使用这种模式的人会一眼被其他人发觉，并被定义为

“老年人”——这种潜在的风险使用户高度抗拒老人机模式。因为没有人喜欢被当作老态龙钟、需要额外关照的老年人。

这其实就是霍桑效应的一个体现，因为使用手机是经常暴露在其他人面前的行为，所以，人们总是努力让自己表现得更加正面。

类似行为发生在许多商品上，尤其是和“品味”相关的领域。

雀巢公司在最初推出速溶咖啡时进行过市场调研，很多人表示不喜欢速溶咖啡的味道——而实际上相当多的受试者无法区分速溶咖啡和研磨咖啡的味道有何差别。

红酒也类似，大多数人都会觉得高档红酒的味道十分美妙，但是，在严格的“双盲测验”（即用户在不知具体品牌的情况下，通过实际使用几个同类产品来比较各个产品的性能）中，普通消费者根本无法区分低档红酒和高档红酒的差别。

人们本性中都有渴望被关注、被重视的因素，只是往往被压抑住了。而善于运用霍桑效应，则可以激励我们好好表现。比如，很多人会在社交网站上展示自己的阶段目标，这就是对霍桑效应的很好应用。如果把梦想埋在心里，默默努力，那驱使自己的动力只有热爱和毅力，能走多远则不可知。而当我们在社交网站上大大方方地写明自己的目标，欢迎朋友或陌生人来监督催促，就相当于主动将自己放置在了聚光灯下。我们会刻意地努力，至少表现出要完成目标的样子，于是就获得了额外的动力——向他人证明和展示自己。

霍桑效应的第二重内涵也被称为“宣泄效应”。宣泄效应指出，及时地排解压力有利于提高工作效率。“成年人的生活里没有容易二字”，大家都在负重前行，只是有的人一声不响，有的人会在痛哭一场后继续努力向前。把生活中积累的怨气发泄出来，而后剥离无关的负面情绪，使自己全身心地投入到工作中。

霍桑效应的两个内涵，其实讲的都是如何改善员工的工作状态。真实的人，不仅仅是完全不受情绪控制的“经济人”，霍桑实验证明：人也是受情感支配，被社会关系制约的“社会人”。

遵循相关规律，最大化调动人的主观积极性，无疑将有利于工作效率的改善和提高。

赫洛克效应：
想让对方表现更好，就及时赞美他

心理学家赫洛克通过实验发现：在完成指定任务时，被及时表扬的小组成绩要优于被批评的小组，而不论是被表扬还是被批评的小组，成绩都优于被忽视的小组，这三个小组的成绩则都优于无人过问、被独自隔离的小组。更重要的是，被及时表扬的小组的成绩还在持续提高中。

这个实验就是著名的“赫洛克效应”，指在工作或学习中如果有人及时对工作成果进行评价，则能够强化参与者的动机，激发参与者的主动性和创造性；而在这种评价中，表扬的效果要优于批评，即使是批评也好过忽视。

很多人在第一次接触外国人或外教时就会很不适应，因为在欧美文化里，随时对人进行表扬是很“常规”的做法。也许你只是站起来回答了一个极其简单的问题，但是外教会故意做出夸张的表情和手势，对你进行盛情赞美，仿佛你做出了什么了不起的成就。这样造作、浮夸的表扬在有些人看来像是哄小孩子一般，但其实每个人心里往往都很受用。

的确，人们真的喜欢直接、直白的表扬。在这种环境下学习，人们会进步得更快。

在工作上也是同样的道理，不要吝啬对他人的赞美，也不必过于刻意地去赞美他人。好的管理者应该在员工表现优异时及时进行表扬。

美国有一家制造精密仪器设备的公司，叫作福克斯波罗公司（Foxboro）。某一天晚上，公司遇到了极为严重的技术瓶颈，公司大部分员工对此束手无策。为此，公司总裁也急得茶饭不思。深夜时分，一名技术专家兴奋地闯入了总裁办公室，手持着自己新设计的原型产品，表示自己已经妥善解决了技术问题。这位总裁大受感动，遍寻办公室想要找个东西奖励这名专家，却怎么也找不到合适的物品。

最后，总裁终于从抽屉里找到一只香蕉，他将之郑重地递给专家，说："这个给你。"这是这位总裁当时能找到的唯一奖赏，专家收到后也深为总裁的真诚和赏识感动。后来，香蕉演化成了金香蕉回形针，成为该公司具有深刻传承意义的奖励，并一直延续了下去。

这个故事正体现了及时评价、及时表扬的重要性。

在当时，福克斯波罗公司总裁还有其他选择，比如，他大可以建议专家回去对原型机进行试验，以便更万无一失；如果真的是重大成果，也可以在时隔许久以后开一个盛大的表彰会，号召全体员工学习领会。这当然不失为一种还不错的做法。

但是，总裁选择的这种做法无疑更能激发专家的热情——香蕉本身不值钱，但是，首先它代表了公司最高决策者真诚赞美的心声，这种诚恳可谓无价之宝；其次，寻遍办公室而不得，临时以香蕉凑数，代表了他对该专家及其研究成果的重视；再次，对重大技术改造不加怀疑，不拖延时间等待技术评定，这种"破格行为"代表的正是超常的肯定——对于技术人员来说，这种赏识是很难得到的。

赫洛克效应告诉我们的正是及时评价、及时表扬的重要性。在生活中，我们应当善用赫洛克效应，以开放、友善的心态对待他人，在予人夸奖时，不妨“心直口快”一点儿，那样做更显得我们诚意十足。

凝聚效应：
用集体为个人表现加分

传说，人类的祖先曾经在底格里斯河和幼发拉底河之间发现了一块异常肥沃的土地，于是便在那里定居且建立了繁华的巴比伦城。后来，人们的生活越来越好，便想建立一座通天塔来直达神的居所。由于当时人所说的语言是同一种，所以沟通起来非常方便。大家语言相通，同心协力，阶梯式的通天塔修建得非常顺利，很快就高耸入云。

天上的神祇害怕通天塔真的修建成功，便让人间的语言发生了混乱，彼此间语言不通，由此打破了众人勠力同心的局面。

通天塔的建造虽然失败了，但从中却可以看到，在朴素的人类认知中，聚沙成塔、集腋成裘的凝聚力的确非常强大，甚至会令神灵畏惧。于是，这个观点也被美国心理学家沙赫特称为“凝聚效应”。

凝聚效应是社会心理学的概念，但它并非人类的专属。每年秋天，我们都可以看到天空中有大雁成群迁徙，它们总是排成人字形的队伍前进。对于大雁来说，形成团队飞行，要比自己单独飞行的距离超出12%，而这不恰恰是凝聚效应的体现吗？

当然，合作在人类社会中更加常见。比如，学界含金量最高的诺贝尔奖，近些年来有80%的获奖项目都是团队努力的结果，而这就是凝聚效应最好的体现。

团队的向心力越大，集体意识越强烈，团队的活力也就越强大，那么难事也就变得容易起来。如果人人都只为自己考虑，那么必然事事掣肘，即使很简单的事情，也很难成功。

“人人为我，我为人人”。在集体之中，凝聚力是非常重要的。而只有集体之中的每个成员都愿意对集体负责，主动承担集体义务，集体意识才会逐渐成形，集体责任感、荣誉感也才会出现。到了这个时候，集体才真正具有凝聚力，才能产生凝聚效应。

其实，凝聚效应在社会中的应用主要集中在企业管理和团队建设中。例如，有“经营之神”称号的松下幸之助就非常推崇团队凝聚力。为打造团结坚强的队伍，松下幸之助会在每年正月的一天，带领全体员工，头戴头巾，身着武士上衣，挥舞着旗帜运送货物。

在目送几百辆货车壮观地驶出厂区的过程中，每一个工人都会升腾出由衷的自豪感，为自己是这一团体的成员而感到骄傲。就是这样的简单举动，让松下电气公司的团队凝聚力得到了很大的提升。凝聚力越大，活力越强，松下公司也从一个不起眼的小作坊一跃成为闻名于世的跨国大企业。

除工作场合以外，凝聚效应在家庭生活中同样也能找到踪迹。一个家庭中，父母子女和衷共济，往往能够家庭和睦，即使面对困难也会咬牙一起面对，家庭的小舟不会因此而倾覆，再大的风浪也能远航。但若是家人貌合神离，家庭就失去了凝聚力，每个人都渴望逃离家庭牢笼，更不要提远航了，稍有些风浪恐怕就要分崩离析。

作为群体动物的人类势必要参与集体生活。那么集体的凝聚力就显得非常重要，一盘散沙的集体不但对自身没有帮助，往往还会戕害每个人自身的利益。既然如此，何不试着去提升集体的凝聚力呢？

73855定律：
怎么说，比说了什么更重要

2018年年底，国防部制作了十个中国海军参与护航行动10周年纪念品，在微博上用抽奖活动奖励给粉丝。最后，有十名粉丝获奖。在一次国防部例行发布会的结尾，发言人将获奖粉丝的名字一一念了出来。网友都觉得这些粉丝就仿佛出席了国家级的大型庆典，成了重要来宾，简直羡煞旁人。而那些中奖网友的ID名，如“花卜头”“胡子才是本体”“不思进取木头花”等，经过发言人一念，顿时增辉生色，平添了一丝庄重感。

这个例子告诉我们，有时候，怎么说比说了什么更重要。

事实确是如此，美国心理学家艾伯特·麦拉宾提出的“73855定律”指出，在进行语言交流时，只有7%的信息由一个人所说的内容传递，38%的信息由其说话时的腔调传递，而传递信息最多的，则是其肢体语言和外在形象，占比为55%。

所以，我们说的内容有时候并没有我们想象的那么重要。

如今，越来越多的人开始意识到说话的重要性，很多行业也都在培训员工各种各样的“话术”。说起话来娓娓动听仍然是很有竞争力的个人能力。但是，很多人在锻炼说话能力时，却会忽视说话之外的东西——哪怕这些因素比起说话本身更重要。

马云在中国企业家中属于比较善于演讲的人，他的演讲感染力很强。刨除马云的身份和地位，使得他说话容易被重视，他的演讲技巧也同样是非常出色的。首先，他说话的声音很大，尤其是当他强调什么的时候，会像嘶喊一样，着重地发那个音，这多少有些不温和，但是却能毫无疑问地抓住人们的心，因为在当时的环境中这是最吸引你的声音。

而且，他善于使用肢体动作。马云在演讲时，双手往往比画不停，展现出的是很强烈的自信和包容，而不像有些害羞的人，总是两只手手指交叉，贴在胸前，使人直觉地以为他在边说边构思下一句。

懂得利用话术和肢体语言放大演讲魅力的人，除了成功人士，其实也有不少别有用心的人。例如，硅谷“血液检测骗局”的始作俑者伊丽莎白·福尔摩斯可谓是彻头彻尾的骗子，她的公司更是硅谷成立以来最骇人听闻的骗局，无数投资者的投入付诸流水，无数病人因之而延误诊断。

在她的成功路上，一个很重要的因素就是——她总是模仿苹果公司创始人史蒂夫·乔布斯的演讲风格。她自诩为乔布斯的衣钵传人，那令人动容的、声情并茂的演讲一度是她的融资利器。此外，她在TED（关于技术、娱乐、设计的大会）上的公开演讲也曾感动了许多人。

仔细分析，你能发现，伊丽莎白·福尔摩斯不仅仅是像乔布斯一样经常穿黑色套头毛衣，而是连说话的语气都向乔布斯靠拢，在停顿和发音方式上亦步亦趋地学习乔布斯，甚至连手势、举止也模仿得惟妙惟肖。可以说，乔布斯在苹果新品发布会上两手轻微上扬的动作，在她身上得到了精确的复刻。

不管是亿万富豪，还是普通的工作者，是否具有良好的沟通能力和表达能力，是一个人是否能够应对、克服困难沟通场景的关键。简言之，很多时候，你怎么说，比你说了什么更重要。

得寸进尺效应：
得到一个，就意味着会得到更多

在火车上或其他场合，你可能遇到过背着大包的推销员，他们往往都是卖一些很廉价的小东西，如毛巾、剃须刀、玩具之类。很多人对这些东西毫无兴趣，毕竟，现在已不是生活资料匮乏的年代了，大多数常用物品都可以轻易在商店买到。

有时，推销员会劝你试用下，感受下他们的产品。很多人并不情愿，但是出于礼貌的原因就尝试了。他们觉得被推销员吹嘘得天花乱坠一样的剃须刀其实很一般，锋利有余，舒适欠缺。但是，当尝试后，如果推销员进一步劝说其购买产品，这部分人掏钱的概率比直截了当表示拒绝的人要高得多。

这种古老的推销技巧也常被用在许多商场的化妆品专柜里。一般的化妆品都有试用装，当导购发现年轻漂亮的女士光顾流连时，就会劝她们试用化妆品。很多女士并不需要，她们在出门前也许已经化过妆，或者不愿意当众描眉涂粉。但是，在导购的热情劝说下，有些人会忍不住尝试。结果显示，试用过产品的顾客往往比干脆地拒绝试用的顾客更容易购买产品。

以上两种情况都揭示了一种深刻的现象，心理学上称之为“登门槛效应”或“得寸进尺效应”。意即当一个人答应了别人的小要求后，为了保持认知上的协调或个人形象的一致，就会倾向于答应对方更进一步的、更大的要求。

在上述推销的案例中，顾客本来对产品抱着比较漠然的态度。他们往往是“一时心软”，才同意了推销者的试用请求。而在潜意识中，这代表着认可产品，认可推销者。所以，当推销者提出购买的请求时，他们就很难拒绝对方，因为拒绝购买和之前的试用在认知上是有冲突的。

顾客会产生这样的想法：既然已经同意试用了，那么拒绝购买是否不合适呢？在个人形象上，顾客也会感受到压力，如果不买，可能会形成“我试用产品只是为了占便宜”的个人形象。而在顾客的内心，对这种形象是抗拒的。所以，就会发生顾客被自我说服，最终促使其购买产品。

在生活中，我们也可以巧妙地利用得寸进尺效应。当我们要拜托他人为我们做什么事情时，如果直截了当地提出要求，可能会吓退对方；不妨先提出一些小请求，在对方完成后再提出进一步的请求。

注意，在对方完成小的请求时，要及时予以肯定和感谢，要善于巧妙地赞赏或褒扬对方的品格。这样，当对方在衡量是否接受你提出的更大的请求时，保持认知协调的心理欲望就会增强，心理压力就会增加，更容易选择同意而非反对。

比如，你要请同事做一份复杂的工作报告。直接提出的话，同事心中可能有怨言。那么，不妨先请同事做一个简单的工作汇总，整理出最近做过的重要工作。在完成后，你可以夸奖同事做的工作汇总清晰明了，一望而知就是对工作倾注了心血，并感谢同事在工作上的积极配合和友善帮助。

接下来，当你提出请同事把工作汇总上升成为工作报告时，同事答应的可能性就会比较高。

这是基于得寸进尺效应的“小技巧”。那么，假如有些事我们明确不想做，对方却用得寸进尺效应来“套路”我们，该怎么做呢？

反向利用得寸进尺效应就好了。我们可以在小事上先拒绝对方，使对方有心理准备，建立我们不愿配合的认知。如此一来，当我们在大事情上进一步拒绝对方时，对方也更容易接受。

设立好明确的界限，明确自己的底线，在人际交往中，你就不会陷入被动状态。

德西效应：
过度奖励也会消磨斗志

心理学家爱德华·德西曾经做过一个实验，他选取了一部分学生，将其分为两组，请他们做一些趣味性的智力题。

实验分成三个阶段。第一阶段，两组都没有奖励，两组的解题兴趣是相仿的。第二阶段，一组会给予奖励，每完成一道题就给他们一美元，而另一组不给任何奖励。第三阶段，则是观察两组在休息时间的解题情况，以此来判断他们解题的兴趣是否发生了变化。

实验结果表明，受到奖励的一组在休息时间反而很少有人继续解题。而没有受到奖励的一组，仍然有许多人出于爱好自发地在解这些题。

这个实验表明：如果人们出于乐趣从事某项工作，那么给他提供较高的物质奖励，则很可能使他的做事兴趣下降。

这正是“德西效应”的内涵：人的内在动机是行为的根本驱动力，如果奖励使用不恰当，做事的目标由自我愉悦转变为了获取奖励——外在动机加强，内在动机削弱——那么，他的行为欲望就会降低，做事的兴趣就会减弱。

在这个实验中，学生们解题的出发点是获得趣味，从中收获头脑解放的愉悦感。因此，他们会自愿解答那些智力题。但是，当前一组学生获得奖励时，驱动他们解题的动力已经不是单纯的解题的快感了，而是那些诱人的奖励。驱使他们的力量由内在动机转变为了外在动机，这样一来，他们对解题就不那么感兴趣了——他们只想获得奖励，没有奖励宁可待着不动。

德西效应具有非常重要的启示意义，它解释了为什么奖励并不总是有效的，以及我们该如何正确使用外部奖励——奖励应该用于加强人们的内在动机而非外在动机。

在儿童教育上，这一点尤为重要。千万不能使孩子觉得完成作业是为了获得零花钱或者争取玩iPad的时间，这样，孩子对学习就不会热衷。

反之，可以通过巧妙的办法，使奖励被用来增强孩子的内在动机上。比如，在提供奖励前，要努力夸奖、强调孩子在学习上取得的进步，使得孩子明确自己首要的任务是加强学习而非获得奖励。比如，你可以为孩子提供不确定性的奖励，避免孩子形成努力学习就能获得奖励的心理。

在企业管理中，德西效应也经常发生。在企事业单位中，很多都采用职称制。职称制度的一个弊端，就是高一级职称的人获得的收益要比低一级的高得多。换句话说，提升职称带来的外在奖励要远远大于其提供的内在动机。

一个工程师一旦职称升了一级，收入水平剧增，这就很可能带来德西效应。许多人的工作动力不再是责任感、工作自豪感、成就感，而是职称评定；一旦评上了高级职称，对工作、研究的兴趣都大为衰减，再也不复当初为了解决一个疑难问题而彻夜不眠的激情。

根据德西效应，对于这种情况，该如何解决呢？

首先，要明确奖励是为了提升内在动机而非外在动机，也就是明确职称升级带来的收益要严格基于工作成果，绝不能本末倒置。其次，在职称升级时，在提高收入的同时，要增强其内在动机，增强其荣誉感，树立职称升级是对其工作成绩的肯定这一基本观念。

无论是教育员工还是企业管理，德西效应都是非常重要的理念。它提醒我们时刻要注意内在动机乃是根本驱动力，切不可滥用奖励，使被奖励者的工作动机发生变化或偏移。

晕轮效应：
褪去美丽的光环，你才能看见真相

我的表妹在追一个当红明星，她不允许其他人说这个明星半句不好，而且坚信她追的这个明星是完美的。她常常说，喜欢这个明星是“始于颜值，陷于才华，忠于人品”，也就是说在她眼里，这个明星其实样样都是好的。

对于这些看起来似乎“理智全无”的追星族，你会怎么想呢？太幼稚了？太好骗了？其实，我们都是和我表妹一样的人，只是我们追求的不是明星，也没有发现自己的这个倾向罢了。

看到这里，你可能要反驳我。别急，其实，我这么说是有心理学依据的。

心理学家戴恩做过一个这样的实验，他让受试者看一些照片，这些照片上的人容貌各异，魅力也有高有低。

看完照片之后，戴恩让受试者们一一评价照片上的人与魅力无关的方面。

结果表明：在并不了解照片上的人的情况下，人们普遍对魅力高的人其他方面的评价更高；而魅力低的人，则被指出了更多问题——即使这些问题可能在他们身上并不存在。

美国心理学家凯利也做过类似的实验，他把实验设定在了麻省理工大学的两个班上。

配合实验的老师告诉班上的学生们，下节课将有研究生来代课。这位老师告知其中的一个班，这个研究生“热情洋溢”，而另一个班得到的信息则是这位代课老师很“冷漠”，其他的描述都是一样的。

结果，认为代课老师“热情”的班级跟代课老师互动良好，给老师的评价也很高；而认为代课老师“冷漠”的班级则对代课老师十分冷淡，课后也评价老师“不易近人”。

这些实验都佐证了美国著名心理学家爱德华·桑代克提出的“晕轮效应”，它是一种影响人际知觉的因素，指在人际知觉中形成的以点概面或以偏概全的主观印象。

简单来说，就是如果我们从一个角度了解到某个人是好人，那么我们就会更容易觉得他在其他方面也是好的。比如，表妹所追的男明星，因为他长得好看，“一俊遮百丑”，表妹就会认为这个男明星的其他方面也是完美的。

晕轮效应也被称为“光环效应”，寓意人们如果喜欢某人的某一个特点，这份喜爱就会像光环一样向其他的方面扩散。而人们如果不喜欢某人的某一点，这份厌恶也会蔓延到他们对这个人其他方面的评价上——这种和光环效应相反的现象，被称为“恶魔效应”。

晕轮效应当然是不理智、不客观的，我们不仅要客观地看待每一个人和他所做的事情，也要承认每一个人都有多面性——冷酷的杀手可能也会热爱小动物，完美的圣人可能也有自私的一面——不能因为一个人的善而去包庇他恶的一面，也不要因为一些瑕疵就全然否定一个人。

当然，晕轮效应也有值得我们利用的一面。比如，所谓“人靠衣装”，其实就是利用服装给人带来的晕轮效应，尝试给别人留下一个好印象。这可以在求职和一些重要的场合极大地帮助我们打开局面，利用良好的形象来增加别人对我们的好感。

宜家效应：
人们会为亲手做的东西付出更多

闲暇时逛宜家家居门店，在现代都市生活中俨然成了一种新时尚。和其他便捷、快速的购物消费方式不同的是，宜家售卖的家具需要让你自己动手组装。

让顾客对着好几页的安装说明书自己动手组装一张桌子或者床，其中需要花费的时间和精力是必不可少的，但是顾客们却没有被吓退，依旧乐于购买。

2011年，来自哈佛商学院的研究者在《消费心理学杂志》上发表了一篇论文，把“让消费者自己多动手，从而让他们更喜欢这个东西，赋予它更高的价值”这一现象称为“宜家效应”。

其实让自己动手参与产品的产出这种方式不是宜家独创的。1950年，美国一家食品公司通用磨坊（General Mills）绞尽脑汁地推销新上市的贝蒂妙厨（Betty Crocker）牌蛋糕粉。这种蛋糕粉号称“能让做蛋糕变得像冲速溶咖啡一样省事”。公司高层急于让自家品牌的蛋糕粉在众多竞争对手中脱颖而出，于是邀请了著名心理学家——“动机研究之父”欧内斯特·迪希特来策划营销方案。

迪希特建议改变食谱，把蛋糕粉里本来自带的鸡蛋粉换成“需要添加新鲜鸡蛋”。因为一冲即成的蛋糕粉会让做蛋糕这件事变得太容易，削弱了做蛋糕原本所需的劳动。而多动手，则能够让做蛋糕的人对最终的成品产生更强的“主人意识”，从而觉得味道更好。这个建议果然奏效了，蛋糕粉销量自此之后迅速上升。

的确，宜家效应能在用户和产品之间创造更强的联系纽带。用户从组装产品到完成家具安装，其间所投入的精力会转变成对产品的喜爱。同样，对比那些不需要付出任何精力就可以使用的产品，这种自主安装产品的主观价值更高。

不过宜家效应与你付出的精力多少无关，更重要的是完成这个产品。当用户享受完成任务和完整的产品时，宜家效应就会显现。

宜家效应从根本上来说应该是一个劳动产生“情感连接”的过程——即人们对于自己的劳动成果赋予了更高的价值。例如，在一定时期内，你在投入高强度的工作后取得一定的劳动成果，无疑能带来极大的成就感。

有研究表明：人在某件事上花费的努力越多，就会相应地赋予其更高的价值。

心理学家阿尔波特在关于“自我效能”的研究中指出，若想让人感到自己很能干，就需要有一种“一切尽在自己掌握中”的感觉，而完成任务，就是其中关键的一环。所以，宜家效应中，最重要的因素是——成功的劳动使人产生更深层次上的情感连接。

与此同时，成功完成任务能够带来积极的心理影响，人们自然也愿意为自己的成果买单。如果失败的概率大于成功，人们则容易放弃，反而带来负面效应。

所以，宜家效应的反面例子就是——当参与者花费太多时间组装或拆卸作品，或者根本无法完成作品时，他们的花钱欲望自然也就随之降低了。

对于商家而言，如何更好地把握这其中的平衡，成了一门新学问——既要让消费者怀抱着热情参与到产品的开发过程中，又不能有太高的难度值，这其实不是一件容易的事。

飞轮效应：
坚持不懈，就会越来越轻松

“飞轮效应”是指为了使静止的飞轮转动起来，一开始你必须使很大的力气，一圈一圈地反复推，每转一圈都很费力。但是，每一圈的努力都不会白费，飞轮会转动得越来越快。当达到一个很高的速度后，飞轮所具有的动量和动能就会很大，使其短时间内停下来所需的外力便会很大，如此便能克服较大的阻力维持原有运动。

与之类似，人在进入某一新的或陌生的领域时，也都会经历这一过程。要让飞轮转起来而不花太大力气，条件是要有足够的坚持，这也意味着得用足够的时间来做保证。飞轮效应让我们看到胜利的曙光——只要坚持不懈地推动事业的飞轮，终有一天，它会自己飞快地旋转起来，而无须再耗费太多力气。

例如，克罗格公司的总裁、著名管理专家吉姆·柯林斯就运用了飞轮效应让公司的5万员工接受他的改革方案。

在设计改革方案时，他没有试图一蹴而就，也没有打算用煽情的演讲打动员工。他的做法是组建一个高效的团队来“慢慢但坚持不懈地转动飞轮”——即用实实在在的业绩来证明他的方案是可行的，也是会带来效益的。

员工则因为看到了吉姆取得的卓越成绩，对改革充满信心，他们也开始以实实在在的行动为公司的改革做贡献。到了某一时刻，公司这个飞轮就基本上能自己转动了。

此后，吉姆·柯林斯调查了1435家大企业的名单，经过调查、比较、研究，吉姆吃惊地发现：在从优秀公司到伟大公司的转变过程中，根本没有什么“神奇时刻”，成功的唯一道路就是清晰的思路、坚定的行动，而不是所谓的灵感。

这也就意味着：成功需要每个人排除一切干扰，把精力集中在最重要的事情上，全力以赴去实现目标。

再来看看纽可钢铁公司的案例。这个公司在1965年开始了“推动飞轮”的第一步，起初只试图避免踏上破产的命运，后来则因为找不到可靠的供应商，而开始建立起第一座自己的钢铁厂。

随后，纽可钢铁公司的员工发现，他们有办法把钢铁炼制得比别人好，而且比别人便宜。因此，公司又建了两座迷你炼钢厂，接着又建了三座厂。然后开始有客户向他们采购产品，之后又有更多的客户上门。

一圈又一圈，年复一年，飞轮蓄积了充足的动力。

到了1975年，纽可公司猛然醒悟，如果他们一直推动飞轮，纽可将成为美国排名第一、获利最高的钢铁公司。

波尔曼解释说：“还记得1975年有一次我和艾弗森谈话的时候，他说：‘波尔曼，我想我们应该可以成为美国排名第一的钢铁公司。’我问他：‘那么，你打算什么时候成为全美第一？’他说：‘我不知道。但是只要我们继续做我们目前在做的事情，我看不出有什么理由我们不能成为全